中央高校教育教学改革基金(本科教学工程)
"复杂系统先进控制与智能自动化"高等学校学科创新引智计划　　联合资助
中国地质大学(武汉)"双一流"建设经费

测控软件技术基础

CEKONG RUANJIAN JISHU JICHU

黄玉金　朱继轩　葛健　薛伟　编著

图书在版编目(CIP)数据

测控软件技术基础/黄玉金等编著. —武汉:中国地质大学出版社,2021.12
中国地质大学(武汉)自动化与人工智能精品课程系列教材
ISBN 978-7-5625-5226-0

Ⅰ.①测… Ⅱ.①黄… Ⅲ.①软件设计 x 高等学校-教材 Ⅳ.①TP311.1

中国版本图书馆 CIP 数据核字(2021)第 273930 号

测控软件技术基础		黄玉金　朱继轩　葛健　薛伟	编著
责任编辑:周　旭	选题策划:毕克成　张晓红　周　旭　王凤林		责任校对:何澍语
出版发行:中国地质大学出版社(武汉市洪山区鲁磨路 388 号)			邮编:430074
电　　话:(027)67883511	传　　真:(027)67883580		E-mail:cbb@cug.edu.cn
经　　销:全国新华书店			http://cugp.cug.edu.cn
开本:787 毫米×1092 毫米　1/16		字数:390 千字	印张:16
版次:2021 年 12 月第 1 版		印次:2021 年 12 月第 1 次印刷	
印刷:武汉中远印务有限公司			
ISBN 978-7-5625-5226-0			定价:48.00 元

如有印装质量问题请与印刷厂联系调换

自动化与人工智能精品课程系列教材编委会名单

主　任：吴　敏　中国地质大学（武汉）
副主任：纪志成　江南大学
　　　　李少远　上海交通大学
编　委：（按姓氏笔画为序）
　　　　于海生　青岛大学
　　　　马小平　中国矿业大学（徐州）
　　　　王　龙　北京大学
　　　　方勇纯　南开大学
　　　　乔俊飞　北京工业大学
　　　　刘　丁　西安理工大学
　　　　刘向杰　华北电力大学
　　　　刘建昌　东北大学
　　　　吴　刚　中国科学技术大学
　　　　吴怀宇　武汉科技大学
　　　　张小刚　湖南大学
　　　　张光新　浙江大学
　　　　周纯杰　华中科技大学
　　　　周建伟　中国地质大学（武汉）
　　　　胡昌华　中国人民解放军火箭军工程大学
　　　　俞　立　浙江工业大学
　　　　曹卫华　中国地质大学（武汉）
　　　　潘　泉　西北工业大学

序

为适应新工科建设要求，推动自动化与人工智能融合发展，中国地质大学（武汉）自动化学院联合了教育部高等学校自动化类专业教学指导委员会和中国自动化学会教育工作委员会的有关专家，依托先进模块化的课程体系，有机融入"课程思政"的相关要求，突出前沿性、交叉性与综合性的新内容，组织编写了自动化与人工智能精品课程系列教材，服务于新时代自动化与人工智能领域的人才培养。系列教材涵盖了专业基础课、专业主干课、专业选修课、课程设计等教学内容。教材设置上依托教育部高等学校自动化类专业教学指导委员会首批自动化专业课程体系改革与建设试点项目（全国五个试点项目之一）和中国地质大学（武汉）教育教学改革项目的研究成果，以"重视基础理论、突出实际应用、强化工程实践"的课程体系设计为主线。教材设置包括增强知识点教学的连贯性，提高对自动化系统结构认知的完整性；知识点对应的工具成体系，提高对主流技术和工具认知的完整性；面对特定应用环境的设计技术成体系，提高对行业背景下设计过程认知的完整性。它充分体现以控制理论、运动控制、过程控制、嵌入式系统、测控软件技术、人工智能与大数据技术等为模块的教材设计。

本系列教材由教育部高等学校自动化类专业教学指导委员会委员、中国自动化学会教育工作委员会委员、高校教学主管领导和教学名师担任编审委员会委员，并对教材进行严格论证和评审。

本系列教材的组织和编写工作从2019年5月开始启动，并与中国地质大学出版社达成合作协议，拟在3至5年内出版20种左右教材。本系列教材主要面向自动化、测控技术与仪器及相关专业的本科生，控制科学与工程及相关专业的研究生以及相关领域和部门的科技工作者。本系列教材一方面为广大在校学生的学习提供先进且系统的知识内容，另一方面为相关领域科技工作者的学习和工作提供适当的参考。欢迎使用该系列教材的读者提出批评意见和建议，我们将认真听取意见，并作修订。

自动化与人工智能精品课程系列教材编委会

2020年12月

前　言

测控技术与仪器专业是集检测、测量、控制、信号分析与处理、计算机（含单片机）技术等多种学科知识综合应用的专业，在工程实践活动中，往往需要面对复杂的问题。这些问题的解决通常需要细致规划、频繁实验和多方求证，这也就要求学生熟悉实验过程的常见软硬件开发和设计工具，并对现代创新性工程活动的交互、沟通特性有深刻的认知。

本教材以"测控系统设计过程中的软件应用"为主线，在介绍软件工程的基础上，选择了 MATLab 基础、Keil C51 的单片机语法拓展以及调试技术、操作系统的概念及其在 8051 单片机上的应用等 3 个主题，提升学生在项目设计、单片机开发、数据分析与解释等方面的能力，为信息综合和解决复杂问题夯实基础。

本教材的 3 个主题都注重实践，它们或者提供了丰富的分析案例，或者提供了可操作性强的实验验证方案，让学生能够在案例学习和实践中拓展专业认知、提升工程实践能力。

在现代的工程开发中，"人"的价值史无前例地凸显出来，尤其是在创造性较强的软件工程领域，相应的管理、人文反思在这个领域的研究也最为深入。笔者通过介绍软件工程的概念，引导以后从事"硬件工程"的学生从一个全新的视角看待我们的设计、创新，认识到"工程"这一概念的拓展，以及沟通、协作、规范等在现代工程中的重要意义。

对仪表、设备的指标进行测试和评价是仪器、仪表设计的重要环节，它需要数据采集、分析、可视化展示等多方面的能力，而相应能力可以在 MATLab 平台上进行一站式的训练。笔者在介绍 MATLab 的基础语法的基础上，对数据的存取、文件 IO 以及数据的可视化、分析进行了由浅入深的讲解，并通过多个案例展示了如何通过 MATLab 来解决仪器、仪表设计中的数据采集、展示、分析等常见问题。

学习单片机，实际上就是了解单片机的基本特性，并通过编程与单片机"沟通"，让它帮助我们完成任务。在单片机的学习过程中，经常会出现理论与实践脱节的情况，学习了 8051 单片机却不会使用，未能透彻理解单片机的语言和它的结构、特性之间的关系。针对这一现状，笔者以 8051 单片机的主流开发软件 Keil μV IDE 为依托平台，详细介绍了 C51 语言为适配 8051 单片机开发而进行的语法拓展，以及如何用 C51 语言进行 8051 单片机程序的开发。同时通过展示 Keil μV 中集成的调试器、虚拟外设、虚拟逻辑分析仪等的使用，让学生了解计算机语言与"现实世界"是怎样关联起来的，提高对单片机工作原理的认识，也为学生在实际的开发中借用这些功能加快开发速度、改善开发体验降低了门槛。

现代操作系统异常复杂，但其最主要的功能还是任务调度。在单片机开发中，使用操作系统会显著提高复杂应用的开发效率，提升 CPU 资源的利用率。笔者在介绍了操作系统的基本概念之后，讲解了可以运行在资源极其受限的 8051 单片机上的实时操作系统 RTX51

Tiny，同时借助 Keil μV 的调试技术来展示该操作系统的工作机制和运行特性。RTX51 Tiny 是一个小巧、高效的任务调度器，核心 API 不到 10 个，非常适合入门学习。通过使用 Keil μV 集成的调试器和逻辑分析仪，可以清晰地展示任务的调度和任务间的消息传递，使得复杂的操作系统概念得到直接验证，加深学生对实时操作系统的理解。

目 录

第一章 软件工程 ··· (1)

 第一节 工程学的名称由来与定义 ·· (1)

 第二节 软件工程 ··· (6)

 第三节 软件工程的核心知识 ·· (7)

 第四节 案例分析 ··· (13)

第二章 MATLab 入门 ·· (27)

 第一节 MATLab 发展简史 ·· (27)

 第二节 MATLab 的免费替代品 ··· (29)

 第三节 MATLab 学习 ·· (30)

 第四节 MATLab 界面介绍 ·· (32)

 第五节 Matrix 的生成与操作 ··· (36)

 第六节 程序流程控制 ·· (51)

 第七节 脚本和函数 ··· (59)

 第八节 数据可视化 ··· (65)

 第九节 MATLab 应用案例 ·· (75)

第三章 Keil C51 和 μV 开发与调试 ··· (104)

 第一节 单片机开发环境介绍 ·· (104)

 第二节 C 语言发展历史及其在编程语言中的地位 ·························· (106)

 第三节 Cx51 针对 C 的语法拓展 ·· (107)

 第四节 标准函数库 ··· (137)

 第五节 Keil μV 开发环境介绍 ··· (139)

 第六节 项目的构建 ··· (143)

 第七节 单片机程序调试 ··· (145)

 第八节 案例——单片机中的延时设计 ·· (160)

第四章 实时操作系统 RTX51 Tiny 入门 ···································· (174)

 第一节 操作系统定义 ·· (174)

 第二节 历 史 ··· (175)

V

  第三节 操作系统应用现状 ·· (181)
  第四节 操作系统的功能 ·· (191)
  第五节 RTX51 Tiny 实时操作系统 ··· (199)

主要参考文献 ·· (234)

附录 A RTX51 tiny 函数参考 ·· (235)
  第一节 概 述 ·· (235)
  第二节 函数介绍 ·· (237)

第一章 软件工程

自电子计算机问世以来,各个学科在计算机技术的加持下都得到了飞速的发展。从 20 世纪 90 年代信息高速公路的建立①,到现在智能手机和物联网的如火如荼,新兴的计算机科学的发展可谓鹤立鸡群。计算机技术在经济发展中的效益比重日益增加,计算机技术工程化、系统化应用以及管理的软件工程也得到远超其他学科的关注和发展。软件工程不仅适用于软件开发活动,对其他工程领域的活动也有极其重要的参考价值和指导意义。

学习目标

- 了解工程学的基本概念
- 了解软件危机
- 了解软件工程的发展历史
- 了解软件工程的核心知识
- 学习软件工程案例,了解软件工程思维的实际应用

第一节 工程学的名称由来与定义

一、工程学

工程学、工程科学或工学,是通过研究与实践应用数学、自然科学、社会学等基础学科的知识,以达到改良各行业中现有材料、建筑、机械、仪器、系统、化学和加工步骤的设计和应用方式的一门学科,而实践与研究工程学的人则称为工程师。在大学教育中,将自然科学原理应用至服务业、工业、农业等各个生产部门所形成的诸多工程学科也称为工

---

① 1992 年,美国总统候选人比尔·克林顿提出建设"信息高速公路"。1993 年,"信息高速公路"成为美国政府的建设计划。1993 年 9 月在美国总统比尔·克林顿发布的国情咨文报告中,其名称被规范为"国家信息基础结构"(national information infrastructure)。随后,欧盟、加拿大、俄罗斯、日本等国和国际组织纷纷推出各自的国家信息基础结构建设计划。但它更为人们所熟知的名字还是"信息高速公路计划"。

科和工学。

工程的英文"engineering"来自拉丁文"ingenium"（巧妙）和"ingeniare"（设计）。

美国工程师专业发展委员会（engineers council for professional development，ECPD）定义工程学为：有创意地应用科学定律来设计或发展结构物、机器、装置、制造程序，或是利用这些定律而产生作品，或是在完整了解其设计下建构或设计上述的物品，或是在特定运作条件下预测其行为，所有所做的都是为了其预期的机能、运作的经济性或人员及财产的安全。

1. 工程学方法

工程师最关键和独特的任务是发现、理解并结合实际的局限来达到满意的结果。很多情况下，产品不仅仅只需符合技术要求，其他条件也必须满足。这些条件包括材料来源、物理或技术的局限、未来改进的可行性和其他因素，诸如成本、可销售性、可生产性及适用性。

2. 解决问题

工程师们应用科学、数学和相应的经验来找到问题的解决办法。他们建立合理的数学模型，对问题进行分析并测试可能的解决方案。可能的解决方案常常有多个，工程师们必须根据它们的本质，评价它们的优劣，并选择满足要求的最佳方案。折中存在于各种工程设计的核心之中，最佳设计意味着能满足尽可能多的要求。

工程师一般在全面生产过程前，就尝试预测他们的设计如何达到规格。他们使用原型、比例模型、模拟、破坏性试验、非破坏性试验、强度测试等方法来对产品进行测试，并保证产品能按期望值运行。测试的目的是确保产品能符合预计的要求。工程师作为专业人员会尽量制造符合预计要求的产品，并使产品对社会无害。工程师往往需要在设计中考虑安全因素来降低意外的故障。不过，考虑的安全因素越多，设计的效率通常会越低。

二、软件危机

1. 软件危机的历史背景

为了便于大家对软件的发展及其危机的理解，这里先列出近代计算机历史上的标志性事件及其年份，以便大家了解软件危机的历史背景。

（1）1939年，爱荷华州立大学的约翰·阿塔纳索夫和克里福德·贝瑞开发出的阿塔纳索夫-贝瑞计算机（(Atanasoff-Berry computer，通常简称 ABC 计算机），为一种特殊用途的电子计算机，用以解决一次方程的问题，主要是求解线性方程组。

（2）**1946年第一台通用可编程计算机 ENIAC（electronic numerical integrator and computer，电子数值积分与计算）在美国设计并研制成功**。ENIAC 被美国陆军的弹道研究实验室（ballistic research laboratory，BRL）使用，用于计算火炮的火力表。实际上 ENIAC 的第一次测试运行是计算氢弹相关数据，这次测试的输入、输出数据是一百万张卡片。

（3）1947年12月23日，John Bardeen、Walter Brattain 和 William Shockley 在贝尔实验室发明了三极管，并于次年申请专利。1956年，他们因此获得诺贝尔物理学奖。

（4）1958年9月12日，Fairchild 公司的 Robert Noyce 和 Texas Instruments 的 Jack Kilby

开发了首块可以工作的集成电路；同年 8 月，在苏联帮助下中国第一台小型数字电子计算机 103 计算机交付使用，运算速度为每秒 30 次；次年 9 月，中国第一台大型通用电子管数字计算机 104 计算机研制成功。

（5）1960 年 IBM 开发了首条可以大规模量产三极管的生产设备；同年我国第一台**自行设计**的通用电子数字计算机 107 计算机设计研制成功；次年，国产晶体管军用计算机交付海军使用。

（6）1968 年 Robert Noyce 和 Gordon Moore 成立了 Intel 公司。

（7）1971 年 Intel 公司的 4004 微处理器开创了微型计算机的新时代[①]（主频 740kHz，4 位，10μm 工艺，60KO/s[②]，2250 个晶体管）。

（8）**1972 年 4 月 1 日，Intel 公司发布了 8008**（主频 500/800kHz，8 位，最大 16KB 的 RAM）。同年，自 1969 年开始为了移植与开发 UNIX 操作系统由贝尔实验室的丹尼斯·里奇与肯·汤普逊以 B 语言为基础设计、开发的 **C 语言首次发布**。

（9）1973 年 10 月贝尔实验室对外宣布了 Unix 操作系统，该项目从 1969 年开始。

（10）1974 年 4 月 1 日，Intel 公司发布了 8008 的升级版 8080，8080 是业界标准（2MHz，可访问 64KB 的 RAM，速度是 8008 的 10 倍，6000 个晶体管，±5V 和 12V 供电）。同年数字研究公司发布了为 8 位 CPU（如 Intel 8080、Zilog Z80 等）的个人电脑（PC）所设计的**操作系统 CP/M 80**。

（11）1976 年 3 月，Intel 公司发布了 8085（3MHz、5MHz、6MHz，单 5V 供电）。

（12）1976 年 7 月苹果公司的 Apple I 个人电脑发售，价格 666.66 美元。它使用的 CPU 为 MOS 6502，是 1975 年由 MOS 科技所研发的 8 位微处理器。次年苹果公司发售 Apple II。

（13）1978 年和 1979 年出现了性能可与过去中档小型计算机媲美的 16 位微处理器，其代表有 Intel 的 8086/8088、Zilog 的 Z8000 和 Motorola 的 68000 等。它们是第一代超大规模集成电路微处理器。

（14）1982 年 2 月 Intel 80286 发布。它的时钟频率提高到 20MHz，并增加了保护模式，可访问 640KB 存储器，支持 1MB 以上的虚拟内存，每秒执行 270 万条指令，集成了 134000 个晶体管。

（15）1983 年，贝尔实验室的 Bjarne Stroustrup 在 C 语言和 Simula 语言的基础上发明并实现了 C++ 语言。

（16）1987 年，荷兰阿姆斯特丹自由大学计算机科学系的塔能鲍姆教授为了能在课堂上教授学生操作系统运作的实务细节，用 C 语言写成 Minix。2004 年，塔能鲍姆重新架构与设计了整个系统，更进一步地将程序模块化，推出 Minix 3。所有 2015 年之后发布的英特尔芯片都在内部运行着 Minix 3，并将其作为 Intel 管理引擎的组件。

（17）1991 年 9 月，在芬兰赫尔辛基大学上学的林纳斯·托瓦兹对 Minix 只允许在教育上使用很不满，于是他便开始写自己的操作系统，这就是后来的 **Linux 内核**。

（18）1994 年 10 月 10 日，Intel 发布 75MHz Pentium 处理器。1995 年 11 月 1 日，Pentium

---

[①]日本 Nippon 机器计算公司用于集成了打印功能的 Busicom 141-PF 计算器。

[②]KO/s,Kilo-Operations/second 的缩写。Intel 4004 指令速度高达 92600 指令/s，但因为是 4 位处理器，每条操作需要多条指令才能完成。

Pro 发布，主频可达 200MHz，每秒钟完成 4.4 亿条指令，集成了 550 万个晶体管。1997 年 1 月 8 日，Intel 发布 Pentium MMX，并对游戏和多媒体功能进行了增强。

（19）1995 年，Sun 微系统的詹姆斯·高斯林等开发了 Java 语言，它最初是计划用于家用电器[①]等小型系统的编程语言，后来却在互联网应用中大放异彩。Java 编程语言的风格十分接近 C++ 语言，它继承了 C++ 语言面向对象技术的核心，舍弃了容易引起错误的指针，以引用取代；移除了 C++ 中的运算符重载和多重继承特性，用接口取代；增加垃圾回收器功能。

从这段历史可以看出，电子计算机在诞生后的短短半个世纪内，发生了翻天覆地的变化，计算机软件也几乎是日新月异，二者在应用层面和系统层面都发生了很大的变化，而促进这些变化的正是人类在使用计算机时遇到的各种问题。让人们重新审视计算机这一新技术的系统应用，进而促进工程管理思想全新发展的，正是"软件危机"。

2. 软件危机的起因

自 20 世纪 70 年代起，软件开发中出现的危机遍地开花。在那个时代，许多软件最后都得到了一个悲惨的结局，软件项目开发时间大大超出了规划的时间。有些项目导致了财产的流失，有些软件项目的瑕疵甚至导致了人员伤亡。同时软件开发人员也发现软件开发的难度越来越大。

1972 年，艾兹赫尔·戴克斯特拉在计算机协会图灵奖的演讲中提到：软件危机的主要原因，把它很不客气地说，在没有机器的时候，编程根本不是问题；当我们有了电脑，编程开始变成问题；而现在我们有巨大的电脑，编程就成为了一个同样巨大的问题。

硬件成长率每年大约为 30%，软件则每年只勉强以 4%～7% 的速度成长，信息系统的交付日期一再延后，许多待开发的软件系统无法如期开始。20 世纪 60 年代软件开发成本占总成本的 20% 以下；20 世纪 70 年代软件开发成本已达总成本的 80% 以上，软件维护费用在软件开发成本中高达 65%。1986 年公布的数据显示，所有验收的外包软件中，竟然只有 4% 可用。在大部分企业自行开发的信息系统中，有四分之三功败垂成。

软件危机的原因，既来自硬件的整体复杂度，也与软件开发流程有关。危机表现在以下几个方面：① 项目运行超出预算；② 项目运行超过时间；③ 软件质量低落；④ 软件通常不符合需求；⑤ 项目无法管理，且代码难以维护。

软件危机使人们认识到中大型软件系统与小型软件系统有着本质差异：大型软件系统开发周期长、费用昂贵、软件质量难以保证、生产率低，它们的复杂性已远超出人脑能直接控制的程度；大型软件系统不能沿袭工作室的开发方式，就像不能用制造小木船的方法生产航空母舰一样。它的存在已经有数十年的历史了，一直到 20 世纪 80 年代面向对象技术的出现才解决了一部分软件危机的窘境。

3. 软件危机的案例

1995 年，Standish Group 研究机构以美国境内 8000 个软件项目作为样本进行调查，结果显示，有 84% 的软件计划无法于既定时间、既定经费内完成，超过 30% 的项目于执行中

[①] 家用电器等一般使用的 CPU 称为单片机（MCU）。目前能够搜索到的在 2012 年左右的单片机只有几款可用 Java 进行开发。2019 年卓晟互联（北京）信息科技有限公司也推出了可用 Java 开发的支持 GSM 通信或 WiFi 通信的几款单片机，但都没有获得推广。目前在创客界比较流行的单片机开发框架是基于 C++ 的 Arduino。

被取消,项目预算平均超出 189%。

1) IBM OS/360

OS/360 操作系统被认为是一个典型的案例。到现在为止,它仍然被使用在 360 系列主机中。这个经历了数十年,极度复杂的软件项目甚至产生了一套不包括在原始设计方案之中的工作系统。OS/360 是第一个超大型的软件项目,它投入了约 1000 位程序员。佛瑞德•布鲁克斯在他的著作《人月神话:软件项目管理之道》中承认,在他管理这个项目的时候,犯了一个价值数百万美元的错误。

2) 美国银行信托软件系统开发案

美国银行 1982 年进入信托商业领域,并规划发展信托软件系统。该项目原定预算 2 千万美元,开发时程 9 个月,预计于 1984 年 12 月 31 日以前完成。但至 1987 年 3 月该系统都未能完成,其间已投入 6 千万美元。美国银行最终因为此系统不稳定而不得不放弃,并将价值 340 亿美元的信托账户转移出去,且失去了 6 亿美元的信托生意商机。

3) 电子交易平台 TAURUS

TAURUS 是一个用于未认证股票的转让和自动注册的程序,它旨在将伦敦证券交易所股票的结算从纸质股票证书的传输转移到自动化的系统,以减少结算所花费的时间和成本,从而增加便利性并降低结算风险。

TAURUS 项目从 1980 年开始,旨在取代仅适用于参与经纪公司之间交易结算的 TALISMAN 系统。TAURUS 还希望显著缩短伦敦证券交易所的结算周期,并可实现回滚。整个项目需要软件和硬件的双重开发,同时包括诸多法律和其他系统变更,最终导致需求蔓延和成本超支。TAURUS 于 1993 年被终止,后来被功能简单许多的 CREST 系统所取代,白白浪费了 7500 万英镑。

TAURUS 试图整合当时急需的 17 个系统,融合相关人员的想法,最终创造了一个弗兰肯斯坦怪兽[①],后来利益相关者估计要实现 TAURUS 需要耗资 4 亿英镑。《星期日泰晤士报》将未能建立该系统描述为"伦敦证券交易所终结的开始"。

4) FAA 空中交通管理系统

美国联邦航空管理局在 20 世纪 80 年代初计划更新空管系统,最终因为超出预算、需求变更,以及系统自身的复杂性等,耗费数十亿美元后于 1994 年放弃了该计划。

5) Therac-25 案例

Therac-25 是加拿大原子能有限公司(Atomic energy of Canada limited,AECL)所生产的放射线疗法机器,在 Therac-6 和 Therac-20 之后推出(Therac-6 和 Therac-20 是加拿大原子能有限公司和法国的 CGL 公司合作开发的)。1985—1987 年,在美国及加拿大至少有 6 起和 Therac-25 相关的医疗事故,因为软件设计的瑕疵,使病人受到了过量的辐射。软件的瑕疵是因为竞争危害(两个同时运行的程序之间的时序冲突造成的问题),会使病患接受到比正常剂量高一百倍的辐射,因此造成患者死亡或重伤。

[①] 英国作家玛丽•雪莱在 1818 年创作的长篇小说《弗兰肯斯坦——现代普罗米修斯的故事》(也译作《科学怪人》)中的一个人造怪物。小说主角弗兰肯斯坦是个热衷于生命起源的生物学家,他怀着犯罪心理频繁出没于藏尸间,尝试用不同尸体的各个部分拼凑成一个巨大人体。当这个怪物终于获得生命睁开眼睛时,弗兰肯斯坦被他的狰狞面目吓得弃他而逃。该作品被认为是世界第一部真正意义上的科幻小说。

第二节 软件工程

1968年秋季，NATO（North Atlantic Treaty Organization，北约）的科技委员会召集了近50名一流的编程人员、计算机科学家和工业界巨头，讨论和制订摆脱"软件危机"的对策。在那次会议上第一次提出了软件工程（software engineering）的概念，并将它定义为是一门研究和应用如何以系统性的、规范化的、可定量的过程化方法去开发和维护软件，以及如何把经过时间考验且证明正确的管理技术和当前能够得到的最好的技术方法结合起来的学科。它涉及程序设计语言、数据库、软件开发工具、系统平台、标准、设计模式等方面。其后的几十年里，各种有关软件工程的技术、思想、方法和概念不断被提出，软件工程逐步发展为一门独立的科学。

1993年，电气和电子工程师学会（institute of electrical and electronics engineers，IEEE）对软件工程给出了一个更加综合的定义：**将系统化的、规范的、可度量的方法用于软件的开发、运行和维护的过程，即将工程化应用于软件开发中**。此后，IEEE多次给出软件工程的定义。

GB/T 11457—2006《信息技术 软件工程术语》中，将软件工程定义为：应用计算机科学理论和技术以及工程管理原则和方法，按预算和进度，实现满足用户要求的软件产品的定义、开发和维护的工程或进行研究的学科。

软件工程包含软件开发技术和软件项目管理两个大的方面，主要包括以下几点：

（1）创立与使用健全的工程原则，以便经济地获得可靠且高效率的软件。

（2）应用系统化、遵从原则、可被计量的方法来发展、操作及维护软件，也就是把工程应用到软件上。

（3）与开发、管理及更新软件产品有关的理论、方法及工具。

（4）一种知识或学科，目标是生产质量良好、准时交货、符合预算，并满足用户所需的软件。

（5）实际应用科学知识在设计、建构计算机程序，与相伴而来所产生的文件，以及后续的操作和维护上。

（6）使用与系统化生产和维护软件产品有关的技术与管理知识，使软件开发与修改可在有限的时间与费用下进行。

（7）建造与工程师团队所开发的大型软件系统有关的知识学科。

（8）对软件分析、设计、实施及维护的一种系统化方法。

（9）系统化地应用工具和技术于开发以计算机为主的应用。

（10）软件工程是关于设计和开发优质软件。

软件开发技术包括软件开发方法学、软件工具和软件工程环境。软件项目管理包括软件度量、项目估算、进度控制、人员组织、配置管理、项目管理等。

软件工程存在于各种应用中，存在于软件开发的各个方面。一个**常见的误解**是认为软件工程就是程序设计。程序设计通常包含了程序设计和编码的反复迭代的过程，但它只是软件开发的一个阶段，而软件开发也只是软件工程的一个方面。

从软件的可行性分析到软件完成以后的维护工作，软件工程力图对软件项目的各个方面作出指导。软件工程认为软件开发与各种市场活动密切相关，如软件的销售、用户培训和与之相关的软件与硬件安装等。软件工程的方法学认为一个独立的程序员不应当脱离团队而进行开发，同时程序的编写不能够脱离软件的需求、设计，以及客户的利益。

软件工程的发展是计算机程序设计**工业化**的体现。

第三节　软件工程的核心知识

ACM（association for computing machinery，美国计算机协会）与 IEEE Computer Society 联合修订的 SWEBOK（software engineering body of knowledge，软件工程领域知识）提到，软件工程领域中的核心知识包括软件需求、软件设计、软件建构、软件测试、软件维护与更新、构型管理、软件工程管理、软件工程过程、软件工程模型与方法、软件质量、软件工程职业实践、软件工程经济学、计算基础、数学基础、工程基础等诸多内容。下面对部分软件领域核心知识进行拓展性解释。

一、软件需求

简单地说，软件需求（software requirements）是事物表现出的解决现实世界的某些问题的特定属性，这种属性可能是用于支持某个组织的商业过程的部分的自动化任务，可能是修复现存软件的缺陷，亦或是控制某个设备。通常用户、组织或者设备所需的功能都很复杂，对应的软件的需求也是极其复杂的。

软件需求工程包含的活动有需求捕获、需求分析、需求定义和需求验证等，以及在软件产品的整个生命周期过程中对它们的管理。软件需求展示了用于解决实际问题的软件产品的功能和限制。

软件需求可以在多个维度进行分类，常见的分类示例如下：

（1）是功能性需求还是非功能性需求。功能性需求描述的是软件需要实现的功能，如格式化一段文字或者调制一个信号。非功能性需求体现的是对解决方案的限制，也常被描述为约束性要求或者质量要求，如性能、可维护性、安全性、可靠性、保密性等。

（2）是一个或多个高级特性的衍生需求，或是涌现特性，或是直接来自参与方或其他来源的特性。涌现特性（emergent properties）指那些不能够从某一部分提取出来，而在多个软件的多个组件交互时才体现出来的特性。

（3）是来自产品的特性还是来自过程的特性。对过程的要求会影响诸如开发商的选择，适用的软件工程过程或相关的标准。

（4）需求的优先级。需求对软件开发的全局目标越重要，相应的优先级也就越高，通常分为推荐的、必须的、需要的、可选的等。

（5）需求涉及的广度。广度指需求对软件或软件的组件产生影响的范围。有些需求，尤其是非功能性的需求，通常不会局限于软件的某个独立的组件，而是会产生全局性的影响。

Frederick Brooks（1987）在他的经典文章 *No Silver Bullet*：*Essence and Accidents of Software Engineering* 中充分说明了需求过程在软件项目中扮演的重要角色："开发软件系统最为困难的部分就是准确说明开发什么。最为困难的概念性工作便是编写出详细技术需求，这包括所有面向用户、面向机器和其他软件系统的接口。"如果前期需求分析不透彻，一旦做错，最终将会给系统带来极大的损害，并且以后对它进行修改也极为困难，容易导致项目失败。

二、软件设计

软件设计（software design）是从软件需求规格说明出发，形成软件具体设计方案的过程，也就是说在需求分析阶段明确软件是"做什么"的基础上，解决软件"怎么做"的问题。结构化设计将软件设计分为概要设计和详细设计两个阶段。概要设计的主要任务是通过分析需求规格说明对软件进行功能分解，确定软件的总体结构；详细设计阶段确定每个模块功能所需要的算法和数据结构，设计出每个模块的逻辑结构。软件设计阶段结束时的工作成果是软件设计说明书，它描述软件系统的组成模块结、模块间的调用关系，以及每个模块的输入、输出和详细的过程描述。

软件设计的基本目标是用抽象、概括的方式确定目标系统如何完成预定的任务，是确定系统的物理模型的过程。软件设计是开发阶段最重要的步骤，是将需求准确地转化为完整的软件产品或系统的唯一途径。

从技术观点上看，软件设计包括结构设计、数据设计、接口设计、过程设计。其中，结构设计定义软件系统各主要部件之间的关系；数据设计将分析时创建的模型转化为数据结构的定义；接口设计描述软件内部、软件和协作系统之间及软件与人之间如何通信；过程设计则把系统结构部件交换为软件的过程性描述。

三、软件建构

软件建构（software construction）是软件开发的主体活动，包括编程（programming）、单元测试（unit testing）、集成测试（integration testing）和调试（debugging）。该阶段的测试通常是指程序员在建构程序的同时进行的测试，用于检查当前的代码是否能够进入下一个环节。

四、软件测试

软件测试（software testing）是一种用来促进鉴定软件的正确性、完整性、安全性和质量的过程。换句话说，软件测试是一种实际输出与预期输出之间的审核或者比较过程。软件测试的经典定义是：在规定的条件下对程序进行操作，以发现程序错误，衡量软件质量，并对其是否能满足设计要求进行评估的过程。

软件测试是伴随着软件的产生而产生的。早期的软件开发过程中软件规模都很小、复杂程度低，软件开发的过程混乱无序、相当随意，测试的含义比较狭窄，开发人员将测试等同于"调试"，目的是纠正软件中已经知道的故障，常常由开发人员自己完成这部分的工作。当时对测试的投入极少，测试介入也晚，常常是等到形成代码，产品已经基本完成时才进行测试。到了 20 世纪 80 年代初期，软件和 IT 行业进入了大发展时期，软件趋向大型化、高复杂度，软件的质量也越来越重要。这个时候，一些软件测试的基础理论和实用技术开始形成，人们开始为软件开发设计各种流程和管理方法，软件开发的方式也逐渐由混乱无序的开发过程过渡到结构化的开发过程。它以结构化分析与设计、结构化评审、结构化程序设计、结构化测试为特征。人们还将"质量"的概念融入其中，软件测试的定义也发生了改变，测试不再单纯是一个发现错误的过程，而是将测试作为软件质量保证（SQA）的主要职能，包含软件质量评价的内容。Bill Hetzel 在《软件测试完全指南》（*Complete Guide of Software Testing*）中指出："测试是以评价一个程序或者系统属性为目标的任何一种活动，测试是对软件质量的度量。"这个定义至今仍被引用。软件开发人员和测试人员开始坐在一起探讨软件工程和测试问题。

软件测试有行业标准（IEEE/ANSI），1983 年 IEEE 提出的软件工程术语中给软件测试的定义是：使用人工或自动的手段来运行或测定某个软件系统的过程，目的在于检验它是否满足规定的需求或弄清预期结果与实际结果之间的差别。这个定义明确指出，软件测试的目的是检验软件系统是否满足需求。它再也不是一个一次性的，且只是开发后期的活动，而是与整个开发流程融合成一体。软件测试已成为一个专业，需要运用专门的方法和手段，需要专门人才和专家来承担。

在软件测试环节，常用的测试方法有静态测试、动态测试、黑盒测试、白盒测试等；在应用策略上，软件测试又分为单元测试和集成测试。

五、软件维护

软件维护（software maintenance）是指在软件产品发布后，因修正错误、提升性能或其他属性而进行的软件修改。

软件维护活动类型总起来大概有 4 种：纠错性维护（改正性维护）、适应性维护、完善性维护或增强、预防性维护或再工程。除这 4 种维护活动外，还有一些其他类型的维护活动，如支援性维护（如用户的培训等）。

改正性维护是指改正在系统开发阶段已发生而系统测试阶段尚未发现的错误。这方面的维护工作量要占整个维护工作量的17%~21%。所发现的错误有的不太重要，不影响系统的正常运行，其维护工作可随时进行；而有的错误非常重要，甚至影响整个系统的正常运行，其维护工作必须制订计划，进行修改，并且要进行复查和控制。

适应性维护是指使用软件适应信息技术变化和管理需求变化而进行的修改。这方面的维护工作量占整个维护工作量的18%~25%。由于计算机硬件价格的不断下降，各类系统软件层出不穷，人们常常为改善系统硬件环境和运行环境而产生系统更新换代的需求；企业的外部市场环境和管理需求的不断变化也使得各级管理人员不断提出新的信息需求。这些因素都将导致适应性维护工作的产生。

完善性维护是为扩充功能和改善性能而进行的修改，主要是指对已有的软件系统增加一些在系统分析和设计阶段中没有规定的功能与性能特征。这些功能对完善系统功能是非常必要的。另外，完善性维护还包括对处理效率和编写程序的改进，这方面的维护占整个维护工作的50%~60%，比重较大，也是关系到系统开发质量的重要方面。这方面的维护除了要有计划、有步骤地完成外，还要注意将相关的文档资料加入到前面相应的文档中去。

预防性维护是为了改进应用软件的可靠性和可维护性，适应未来软硬件环境的变化，而主动增加的预防性的新功能，以使应用系统适应各类变化而不被淘汰。例如，将专用报表功能改成通用报表生成功能，以适应将来报表格式的变化。这方面的维护工作量占整个维护工作量的4%左右。

六、构型管理

构型管理（configuration management）即在产品全生命周期内，建立并维护产品及组成产品的功能和物理特性与产品的需求/设计要求和构型信息之间的一致性的确认与管理过程。当然，功能特性还包括性能特性。简而言之，构型管理就是对产品"属性"的管理。

构型管理的概念最早起源于美国的军事工业，美国航空航天局、欧洲太空局等在管理飞机、舰艇、火箭等大型武器装备的研制过程中，随着产品复杂度的增加，研制过程可能要经历几年，不可能由一个人或一组人来控制设计和生产，同时这些产品的研制涉及不同专业、不同学科之间的人员进行协同设计，在这过程中产品信息持续发生演变、转化、传递、使用、存储、复制等活动，其中很可能丢失了一些相关的信息，产品的技术状态也就随之处于不可控之中，最终生产出的产品有可能与前期需求的目标不一致。这样美国军方就提出并总结出产品构型管理的雏形概念。

在构型管理的生命历程中，发展了很多的标准与指南，还有很多的标准与之关联和相属。日常工作中专用的和常用的标准与指南有 MIL-STD-480 系列、MIL-973、EIA-649-B、ISO 10007、GJB 3206A、QJ 3118、MIL-HDBK-61B、EIA-828、EIA-836 STD 等。

七、软件工程管理

软件工程管理（software engineering management）的对象是软件工程项目。它所涉及的范围覆盖了整个软件工程过程。为使软件项目开发获得成功，关键问题是必须对软件项目的工作范围、可能风险、需要资源（人、硬件/软件）、要实现的任务、经历的里程碑、花费工作量（成本）、进度安排等做到心中有数。这种管理在技术工作开始之前就应开始，并在软件从概念到实现的过程中持续进行，到软件工程过程最后结束才终止。

软件项目管理是为了使软件项目能够按照预定的成本、进度、质量顺利完成，而对人员（people）、产品（product）、过程（process）和项目（project）进行分析和管理的活动。

软件项目管理的根本目的是让软件项目尤其是大型项目的整个软件生命周期（从分析、设计、编码到测试、维护全过程）都能在管理者的控制之下，以预定成本，按期、按质地完成软件交付。而研究软件项目管理为了从已有的成功或失败的案例中总结出能够指导今后软件开发的通用原则、方法。

八、软件工程过程

软件工程过程（software engineering process）或软件过程（software process），是软件开发的生命周期（software development life cycle，SDLC），其各个阶段实现了软件的需求定义与分析、设计、实现、测试、交付和维护。软件过程是在开发与构建系统时应遵循的步骤，是软件开发的路线图。

软件过程方法涉及交付（deliverables）和工件（artifacts）的预定义，软件产品在项目团队中的开发与维护。过程方法的应用可以完善软件设计、产品管理和项目管理。过程模型（process models）则意图解决软件过程中的混乱，将软件开发过程中的沟通、计划、建模、构建和部署等活动（activities）有效地组织起来。

软件过程为软件的开发定义了一个框架，将自动化工具、软件开发方法和质量管理紧密结合在一起。软件过程构成了软件项目管理控制的基础，创建了一个环境以便技术方法的采用、工作产品（模型、文档、报告、表格等）的产生、里程碑（milestones）的创建、质量的保证、正常变更的正确管理。

软件开发方法（software development methodology, SDM）框架在20世纪60年代开始出现。在信息系统的构建中，软件开发生命周期（SDLC）可被视作最早的形式化方法。SDLC的主要思想是在采用框架时应当以审慎、结构化和方法化的方式开发信息系统。从概念提出到系统交付，在生命周期中的每个阶段，都应当严格、依次地进行。当时软件开发的目标是在大型商业集团中开发大规模的功能性商业系统，系统需要承载大量数据处理和数据运算任务。方法、过程和框架覆盖范围甚广，包含从日常开发的步骤到为特定项目量身定制的灵活框架。一些情况下，组织会正式发布描述过程的文档。

软件设计方法可以区别为**重量级方法**和**轻量级方法**。重量级方法强调以开发过程为中心，而不是以人为中心，重量级方法中产生大量的正式文档。著名的重量级开发方法包括ISO 9000、CMM、统一软件开发过程（RUP）。轻量级的开发过程没有对大量正式文档的要求。著名的轻量级开发方法包括极限编程（XP）和敏捷过程（agile processes）。

根据《新方法学》的说法，重量级方法呈现的是一种"防御型"的姿态。在应用重量级方法的软件组织中，由于软件项目经理不参与或者很少参与程序设计，无法从细节上把握项目进度，因而会对项目产生"恐惧感"，不得不要求程序员不断撰写很多"软件开发文档"。而轻量级方法则呈现"进攻型"的姿态，这一点从 XP 方法特别强调的 4 个准则（沟通、简单、反馈、勇气）上有所体现。目前有一些人认为，重量级方法适合于大型的软件团队（数十人以上）使用，而轻量级方法适合小型的软件团队（几人、十几人）使用。当然，关于重量级方法和轻量级方法的优劣存在很多争论，而且各种方法也在不断进化中。

一些方法论者认为人们在开发中应当严格遵循并且实施这些方法，但是一些人并不具有实施这些方法的条件。实际上，采用何种方法开发软件取决于很多因素，同时受到环境的制约。

敏捷开发被认为是软件工程的一个重要的发展。它是一种"轻量级"的方法，强调软件开发应当是能够对未来可能出现的变化和不确定性作出全面反应的。

在敏捷软件开发的小团队开发模式下，有一种结对编程（pair programming）的方法。在结对编程模式下，两名程序员在一台计算机上共同工作。一个人输入代码，而另一个人审查他输入的每一行代码。输入代码的人称作驾驶员，审查代码的人称作观察员（或导航员）。两个程序员经常互换角色。

在结对编程中，观察员同时还要考虑工作的战略性方向，并提出改进的意见，或提出将来可能出现的问题以便驾驶员处理。这样使得驾驶者可以集中全部注意力完成当前任务"战术"方面的工作，而观察员当作安全网和指南。结对编程对开发程序有很多好处，如增加纪律性，写出更好的代码等。

一些研究发现，与单独工作相比，程序员结对工作会写出更短的程序、更好的设计，并降低设计的缺陷率。研究发现，根据程序员的经验和任务的复杂度而不同，结对工作会使设计的缺陷率降低 15%～50%。结对编程与单独编程相比，通常会考虑更多的设计选项，达成更简单、更易维护的设计；程序员们也会更早地捕捉到设计的缺陷，更快地完成工作。结对的程序员经常发现当他们一同工作时表面上"不可能"的问题变得容易或更加快速，或至少有可能解决。

结对编程通常会带来纪律和时间管理的提升。程序员在与结对的伙伴一同工作时，不太会忘记编写单元测试，花时间上网或处理个人电子邮件，或偷工减料。结对"让他们保持诚信"。人们也不愿意打断两个结对编程的人，而单独工作的人却容易被打断。

面向方面的程序设计（aspect oriented programming，AOP）被认为是近年来软件工程的另外一个重要发展。这里的"方面"指的是完成一个功能的对象和函数的集合。与这方面相关的内容有泛型编程（generic programming）和模板。

九、软件质量

软件质量（software quality）是指软件产品满足基本需求及隐式需求的程度。软件产品基本需求是指软件开发时所规定需求的特性，这是软件产品最基本的质量要求；软件产品满足隐式需求，包括产品界面的美观性、用户操作的简便性等。

从软件质量的定义，可将其分为以下 3 个层次，具体如下：

（1）满足需求规定。软件产品符合开发者明确定义的目标，并且能可靠运行。

（2）满足用户需求。软件产品的需求是由用户产生的，软件最终的目的就是满足用户需求，解决用户的实际问题。

（3）满足用户隐式需求。除了满足用户的显式需求，软件产品如果满足用户的隐式需求，即潜在的可能需要在将来开发的功能，将会极大地提升用户满意度，这就意味着软件质量更高。

所谓高质量的软件，除了满足上述需求之外，对于内部人员来说，它应该也是易于维护与升级的。软件开发时，统一的符合标准的编码规范、清晰合理的代码注释、形成文档的需求分析、软件设计等资料对于软件后期的维护与升级都有很大的帮助，同时，这些资料也是软件质量的一个重要体现。

软件质量是使用者与开发者都比较关心的问题，但全面客观地评价一个软件产品的质量并不容易，它并不像普通产品一样，可以通过直观的观察或简单的测量得出其质量是优还是劣。那么如何评价一款软件的质量呢？目前，最通用的做法就是按照 ISO/IEC 9126:1991 国际标准来评价一款软件的质量。ISO/IEC 9126:1991 是目前通用的一个评价软件质量的国际标准，它不仅对软件质量进行了定义，而且还制订了软件测试的规范流程，包括测试计划的撰写、测试用例的设计等。

第四节 案例分析

软件工程是一个新兴的学科，了解这个领域的一些重要事件和典型案例有助于我们加深对它的理解。

一、《人月神话：软件项目管理之道》

《人月神话：软件项目管理之道》是由 IBM System/360[①] 系统之父佛瑞德·布鲁克斯[②]所著文集，在软件工程领域广为人知。全书讲解软件工程、项目管理相关课题，被誉为软件领域的圣经，内容源于作者在 IBM 公司 System/360 家族和 OS/360 中的项目管理经验。

该书讲述了人力和时间并不呈现线性关系。人月（Man-Month）是工作量的计量单位，表示几个人要花几个月才能完成软件开发，通常用来评估软件项目的大小。书中指出在软件开发项目中简单地增加人手并不能加快软件的开发进度，用"人月"来衡量工作规模的大小是危险和带有欺骗性的神话，因为它暗示了人员数量和时间是可以相互替换的。

人数和时间的互换仅仅适用于以下情况：某个任务可以分解给参与人员，并且他们之间不需要相互的交流［图1-1(a)］。这在割小麦或收获棉花的工作中是可行的，而在系统编程中近乎不可能。

当任务由于次序上的限制不能分解时，人手的添加对进度没有帮助［图1-1(b)］。就如无论多少个母亲，孕育一个生命都需要十个月。由于调试、测试的次序特性，许多软件都具有这种特征。

对于可以分解，但子任务之间需要相互沟通和交流的任务，必须在计划工作中考虑沟通的工作量。因此，相同人月的前提下，采用增加人手来减少时间得到的最好情况，也比未调整前要差一些［图1-1(c)］。

沟通所增加的负担由培训和相互的交流两个部分组成。每个成员需要进行技术、项目目标以及总体策略上的培训。这种培训不能分解，因此这部分增加的工作量随人员的数量呈线性变化。

使用人月的前提必须是在人数和时间可以互换的情况之下。当一份工作因具有连续性的限制而不可切分时，就算投入再多的人力，也不会对时程有所影响。

相互之间交流的情况更糟一些。如果任务的每个部分必须分别和其他部分单独协作，则工作量按照 $n(n-1)/2$ 递增。即在一对一交流的情况下，三个人的工作量是两个人的三倍，四个人则是两个人的六倍。而对于需要在三四个人之间召开会议、进行协商、一同解决的问题，情况会更加恶劣。所增加的用于沟通的工作量可能会完全抵消对原有任务分解所产生的作用，此时我们会被带到如图1-1(d)所示的境地。

书中也对软件任务的进度安排进行了探讨。布鲁克斯（在时间的分配上）常用下面的经验法则，即 1/3 计划、1/6 编码、1/4 构件测试和早期系统测试、1/4 系统测试（此时所有

[①] IBM System/360（S/360）是美国 IBM 公司于 1964 年推出的大型机，它的开发被视为计算机发展史上最大的一次豪赌。为了研发 System/360 这台大型机，IBM 决定征召**六万多名新员工，创建五座新工厂**，而当时**出货的时间不断地顺延**。吉恩·阿姆达尔是系统主架构师，当时的项目经理佛瑞德·布鲁克斯（Frederick P. Brooks, Jr.）事后根据这项计划的开发经验，出版《人月神话：软件项目管理之道》（*The Mythical Man-Month: Essays on Software Engineering*）来记述人类工程史上一项里程碑式的大型复杂软件系统开发经验。

[②] 弗雷德雷克·菲利普斯·佛瑞德·布鲁克斯（Frederick Phillips Fred Brooks, Jr., 1931 年 4 月 19 日—），又译为弗雷德里克·布鲁克斯，生于美国北卡罗来纳州德罕，美国软件工程师、学者，曾任 IBM 系统部主任，为 1999 年图灵奖得主。

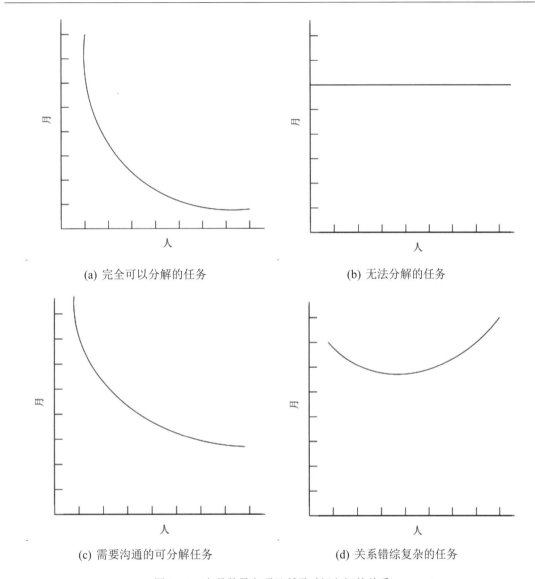

图 1-1 人员数量和项目所需时间之间的关系

的构件已完成)。可以看到，在软件开发过程中，用于编写程序的环节——编码在整个开发活动中占比最少。

也就是说，在许多重要的方面，软件开发与传统的工程进度安排方法不同，具体表现为：

（1）分配给计划的时间比寻常的多。即便如此，仍不足以产生详细和稳定的计划规格说明，也不足以容纳对全新技术的研究和摸索。

（2）对所完成代码的调试和测试，投入近一半的时间，比一般的项目安排的时间多很多。

（3）容易估计的部分，即编码，仅仅分配了 1/6 的时间。

软件开发是沟通至上行业，与传统的农业生产、工业生产有很大的不同，企图通过简单地增加人手来加速项目进展往往会适得其反。

博恩·崔西据自己多年的研究和实践提出"复杂性定律"：任何工作的复杂程度等于该工作所需步骤的平方。他把复杂性定义为增加潜在的成本、时间和错误的可能性。举个例子，你自己打一个电话，只需要一个步骤，工作复杂程度是 1 的平方。如果你请别人帮你打电话，增加了一个步骤，那么工作复杂程度是 2 的平方。如果你请别人让第三方帮你打电话，那么这件事的复杂程度是 3 的平方。也就是说，随着工作步骤的增加，工作的复杂程度会呈指数增长，出错的可能性也就越大。

面对现实的复杂性，高手会怎么做呢？据说每当产品开发出现了延期，甲骨文公司 CEO 拉里·埃里森就会做一个反直觉的操作：每周从项目中减少一个人手，直到项目完成。同样地，便利店 7-11 的创始人铃木敏文也发现，在工作变忙时不能盲目增派人手，而应该优先考虑改进工作方法、精简工作流程。铃木敏文说："动不动就增派人手，其实变相剥夺了员工在工作中成长的机会。"

二、谷歌的 4 分钟食堂排队和 IBM 的办公室设计

谷歌的食堂是出了名的好，免费并且品类超多，但是在这里就餐却需要等餐。以谷歌的财力多开几个供餐窗口显然不在话下。可为什么要浪费员工们宝贵的时间呢？据谷歌介绍，在食堂的等餐排队时间是经过专门设计的：餐厅等待的时间基本控制在 4 分钟，这个 4 分钟让人可以简单寒暄和交流，超过 4 分钟就很可能拿出手机干自己的事了，时间太短则会来不及发起交流。

谷歌办公室的座位安排也是人挤人，他们要求座位的安排必须是转身就可以碰到隔壁的同事，这样大家才会有更多的交流机会；同时也提倡大家随意，不要刻意整洁，自己的东西只要能找到怎么放都行，发挥大家的创造性。

IBM 生产并销售计算机硬件及软件，同时也是咨询行业的翘楚，在员工的办公环境设计方面也是事无巨细，考虑得很周到。如 IBM 在伦敦的办公室，中心区域设置茶水间和公共区域，使得团队成员们可以在这里一起工作，相互学习，"让两个以前绝对不会产生联系的团队建立了联系"。同时因为多个组织共享同一栋办公楼，还营造了一种超越 IBM 所处楼层的社区意识。

IBM 还在公共区域设置了一堵苔藓墙，把自然景观搬到室内；设置了专门的康健中心和图书馆，为员工准备健康课程，包括中午的冥想课等。这些细微的设计能为员工减轻压力，并鼓励他们关注自身健康。

在餐厅的设计上，在硅谷与谷歌齐名的苹果却是另一番情景。苹果的餐厅小而拥挤，而且所有食物都不是免费的。总而言之，在那里吃饭一点都不享受，大部分人都是匆匆吃完离开，因为你周围站着的都是找餐位的人，他们眼巴巴地望着你，等着你吃完走人然后占领你留下的桌子。

作为世界上市值最高的科技公司，高大上的苹果为什么会在员工就餐问题上如此苛刻？《财富》杂志的资深编辑 Adam Lashinsky 研究和报道苹果公司已经十几年，他分析这是公司文化造成的。

在苹果，保密是深入员工骨髓的信条。员工培训的第一天，就被告知要严格保守工作秘密，除了你的老板或工作搭档，不应该跟任何人聊起你的工作，即便是同事，不该说更不该问。这种文化延伸到公司的餐厅文化里。餐厅是交流的场所，而一群员工坐在一起吃饭，肯定会不可避免聊到自己的工作，这却是苹果公司想极力避免的。所以苹果公司刻意制造不好的餐厅环境，避免员工间碰面聊起工作。

谷歌却不一样。它是一家互联网公司，它的产品大部分是软件，而软件的产品迭代周期很短，随时都可以发布新的版本和补丁去代替旧的产品。所以在谷歌，保密不是一个必选项。与此同时，谷歌是一家注重创新的公司，员工之间的脑力激荡无疑更容易激发新的创意，所以谷歌故意建造豪华的员工餐厅来吸引员工逗留更长时间。

三、从匈牙利命名法看 C/C++ 代码的文档规范

中国人向来很看重自己的名字，一直有"坐不更名，行不改姓"的文化传统。而在编程语言 C/C++ 中也存在一个广泛被讨论的命名问题，即程序代码中的变量、函数等该如何命名。学过编程的都了解，在这个领域有一个概念是"匈牙利命名法"。

匈牙利命名法是电脑程序设计中的一种变量命名规则，由 1972—1981 年在施乐帕洛阿尔托研究中心工作的程序员查尔斯·西蒙尼发明。

匈牙利命名法具备语言独立的特性，并且首次在 BCPL 语言中被大量使用。由于 BCPL 这种低级语言只有机器码这一种数据内容，因此这种语言本身无法帮助程序员来记住变量的类型。匈牙利命名法通过明确每个变量的资料类型来解决这个问题。

在匈牙利命名法中，一个变量名由一个或多个小写字母开始，这些字母有助于记忆变量的类型和用途，紧跟着就是程序设计师选择的任何名称。这个名称的首字母可以大写，以区别前面的类型指示字母。

在实际应用中，匈牙利命名法又分为系统命名法与应用命名法，它们的区别在于前缀的目的。

（1）在**系统命名法**中，前缀代表了变量的实际数据类型。在 Visual Studio 下进行 GUI 或者 MFC 开发的用户会看到很多这种方式的变量定义。例如：

- `lAccountNum`，变量是一个长整数（"l"）；
- `arru8NumberList`，变量是一个无符号 8 位整型数组（"arru8"）；
- `szName`，变量是一个零结束字符串（"sz"），这是西蒙尼最初建议的前缀之一；
- `hwndFoo`，变量是一个窗口句柄①。

（2）**应用命名法**不表示实际数据类型，而是给出了变量目的的提示，或者说它代表了什么。例如：

- `rwPosition`，变量代表一个行（"rw"）；
- `usName`，变量代表一个非安全字符串（"us"），需要在使用前处理；
- `strName`，变量代表一个包含名字的字符串（"str"），但是没有指明这个字符串是

---

①窗口句柄本质上是一个指针，这个指针指向了 Windows 操作系统内部用于保存窗口的基本特性的结构体。

如何实现的。

和匈牙利命名法关联起来的概念还有**驼峰式大小写**（**camel case**）。当变量名和函数名称是由两个或多个单字链接在一起而构成唯一识别字时，利用"驼峰式大小写"来表示可以增加变量和函数的可读性。

"驼峰式大小写"一词来自 Perl 语言中普遍使用的大小写混合格式（图 1-2），而 Larry Wall 等所著的畅销书 *Programming Perl* 的封面图片正是一匹骆驼。

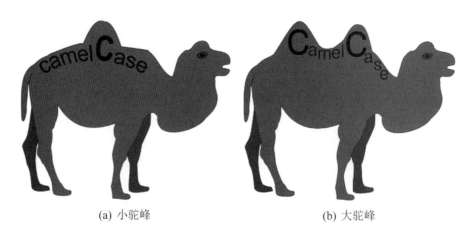

(a) 小驼峰　　　　　　　　(b) 大驼峰

图 1-2　驼峰式大小写的两种形态

和驼峰式大小写相对应的是蛇形命名法。**蛇形命名法**（**snake case**）是指每个空格皆以下划线（_）取代的书写风格，且每个单词的第一个字母皆为小写。蛇形命名法经常被使用在计算机科学当中，如编程语言的变量名称、副程式的名字以及档案名称。一份研究指出相较于驼峰式大小写，使用蛇形命名法能够让读者更快速地辨识出变量的含意。

同样使用 C/C++ 编程，在 Windows 中使用驼峰式大小写较普遍，在 Linux/Unix 中用蛇形命名法较普遍。

适当的排版会使得代码容易阅读，也更容易理解。刚学习程序设计的时候容易出现各种错误，其中的很多语法错误或者逻辑错误往往通过适当的代码排版就凸显出来了，代码容易理解往往也就更容易改正。代码 1-1 展示了一段排版混乱的代码，不经过仔细分析通常很难厘清这段代码的目的，经过适当的代码格式化处理后得到的代码 1-2 和代码 1-3，即便是初学者也很容易弄清楚代码的含义。

代码 1-1　未经排版的程序代码

```
1  int foo(int k){if(k<1||k>2){printf("out of range\n");
2  printf("this function requires a value of 1 or 2\n");}
3  else{printf("Switching\n");switch(k){case 1:printf("1\n");
4  break;case 2:printf("2\n");break;}}}
```

代码 1-2 GNU 风格的代码格式化风格

```
1   int foo (int k)
2   {
3     if (k < 1 || k > 2)
4     {
5      printf ("out of range\n");
6      printf ("this function requires a value of 1 or 2\n");
7     }
8     else
9       {
10        printf ("Switching\n");
11        switch (k)
12          {
13          case 1:
14            printf ("1\n");
15            break;
16          case 2:
17            printf ("2\n");
18            break;
19          }
20      }
21  }
```

代码 1-3 BSD 风格的代码格式化风格

```
1   int foo(int k) {
2     if (k < 1 || k > 2) {
3       printf("out of range\n");
4       printf("this function requires a value of 1 or 2\n");
5     } else {
6       printf("Switching\n");
7       switch (k) {
8       case 1:
9         printf("1\n");
10        break;
11      case 2:
12        printf("2\n");
13        break;
```

```
14          }
15      }
16  }
```

常见的软件开发工具通常内置了代码格式化功能,或者可以通过额外的插件来实现代码的格式化。如目前在程序设计领域非常受欢迎的、微软出品的免费软件开发环境 Visual Code,就支持对 C/C++、python、html、css 等代码格式化。如果希望对已有的代码进行格式化而又不想安装额外的软件,也有很多网站提供了免费的、在线的代码格式化支持,如 https://formatter.org/,该网站支持**多种程序设计语言**的**多种风格**的代码格式化。

在这些看起来微不足道的问题上的探讨乃至争论,表现出软件开发者在解决实际问题时为了降低思维负担、提高开发效率而做出的各种努力。在中文网站上可以搜索到 2001 年林锐博士为上海贝尔网络应用事业部编写的规范化文件"高质量 C++/C 编程指南",该文件也可以作为 C 语言学习者学习工程化编程理念的教材。

四、滤波器设计中的电阻、电容选择

软件工程因为其重要性和在经济发展中的引擎作用,相关的工程理念、管理思想的研究非常深入,在硬件设计方面同样也有很多值得探讨的话题。本小节通过分析简单的低通阻容滤波器设计中电阻和电容的选择问题,来展示现实的电子设计中的工程理念。

如图 1-3 所示的电路,是一个基本的 RC 低通滤波电路,也是基本的分压电路,这个电路的传输函数如式 (1-1) 所示。分析这个电路的转折频率,一般在 s 域进行。对图 1-3,根据 s 域等效电路的分压公式得

$$H(s) = V_{\text{in}} \frac{\frac{1}{RC}}{s + \frac{1}{RC}} \tag{1-1}$$

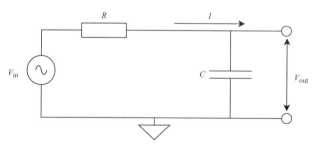

图 1-3 RC 低通滤波器

用 $j\omega$ 代替 s,计算代替后的复数表达式的幅值

$$|H(j\omega)| = |V_{\text{in}}| \frac{\frac{1}{RC}}{\sqrt{\omega^2 + \left(\frac{1}{RC}\right)^2}} \tag{1-2}$$

当 V_{in} 幅值不变且 R、C 的大小不变时，V_{out} 的输出将随着频率的增加而逐渐减小。

在物理学和电机工程学中，一个系统输出信号的能量通常随输入信号的频率发生变化，即**频率响应**。**截止频率（cutoff frequency）**是指一个低通系统的输出信号能量开始大幅下降的边界频率（在高通滤波器中为大幅上升）。

在实际滤波电路的幅频特性曲线上很难找一个频率，能够将通带和阻带明显区分。电子工程人员将截止频率定义为：转移函数的幅度由其最大值降为最大值的 $1/\sqrt{2}$ 时的频率。

为什么是 $1/\sqrt{2}$ 呢？这就又涉及任意电路提供给负载的平均功率。假定负载 R 两端的电压为 V_L，根据式 (1-3)，当电压降到原来的 $1/\sqrt{2}$ 时恰好功率减半。

$$P = \frac{1}{2}\frac{V_L^2}{R} \tag{1-3}$$

式 (1-4) 是一个单调递减函数，ω 为 0 时该函数有最大值，即 $H_{max} = H(j0) = 1$。在截止频率 ω_c 处 $H(j\omega)$ 等于 $1/\sqrt{2}$，从而有

$$H(j\omega_c) = \frac{1}{\sqrt{2}} = \frac{\frac{1}{RC}}{\sqrt{\omega_c^2 + (\frac{1}{RC})^2}} \tag{1-4}$$

求解该方程，得到

$$\omega_c = \frac{1}{RC} \tag{1-5}$$

由式 (1-5) 可知，截止频率 ω_c 由 R 和 C 确定。对一个预定/指定的 ω_c，满足条件的 R 和 C 是无限多的。在常见的教材上，对 R 和 C 的选择分析各不相同。

有的教材中说："截止频率由 R 和 C 确定，故 R 和 C 不能同时计算，因此，选 $C = 1\,\mu F$。如果要选择一个元件的值，应该首先选择电容，而不选 R 或 L，因为现有电容的值要比电阻和电感的值小很多。"

这里关于阻容选择先确定电容再确定电阻的说法是正确的，但对为什么这样做的原因的分析是不合理的。国内外许多电路、模拟电路的教材在讲到这一块时也是语焉不详，多数教材的描述都是很突兀地选了一个电容，然后算出了相应的电阻。

在进一步了解这个问题的求解方法之前，需要先了解 IEC 60063。

在无线电的黄金年代（19 世纪 20 年代至 50 年代），很多厂商都在制造调幅无线电接收器。在早期的设计中，不同厂商使用的无线电组件也不同，典型的情况就是当时电阻、电容的取值各不相同。

1924 年，50 家无线电制造商在芝加哥成立了无线电制造协会（radio manufacturers' association，RMA），它们注册和分享相关的专利，同时也制订了早期的器件的规格标准。1936 年，RMA 采纳了固定阻值的电阻优选值方案，同时电阻的制造商也从旧的阻值方案进行了迁移。"二战"期间英美军用产品的量产需求则进一步促进了通用标准的建立，而 20 世纪 50 年代晶体管无线电生产往日本的迁移更是将国际标准的建立提上日程。

1948 年国际电子工程委员会（international electrotechnical commission，IEC）在 RMA 工作的基础上开始了标准化设计，并于 1952 年 1 月 1 日发布了 IEC 63，即 IEC 60063:1952。

该标准对电阻、电容的取值规定了一系列的以 E-开头的系列值（表 1-1），这些值的分布根据 10 的 n-次根决定。

$$V_n = \text{round}(\sqrt[n]{10^n}) \tag{1-6}$$

E3 到 E192 的各个系列按照最大误差分为 7 个级别，分别为 >20%[①]、20%、10%、5%、2%、1%、0.5%。历史上，E-系列值分为两个主要类别：

（1）E3、E6、E12、E24 属于 E24 子集，取值小数点后 1 位近似（round[②]取值）。

（2）E48、E96、E192 属于 E192 子集，取值小数点后 2 位近似（round 取值）。

实际使用中 E3 规格的电阻和电容不是很常用，一般用于容差较大的场所，如上拉电阻等，而且需要注意该规格的阻容值具有非对称的容限。

可以发现，越常用的值会越早地出现在分类列表中。我们在教材上经常看到的 330Ω、470Ω、680Ω 在 E6 的分类中出现，隶属最常用数值系列。最常用的系列的电阻，**生产商生产得最多，价格也相对便宜低。**

在实际生产中，因为电容的生产工艺比电阻更复杂，同等级别（精度、温度）的电容要比电阻贵很多[③]，而且电容的误差控制到 10% 以下非常困难。因此，可以认为可供选择的"好"电阻比电容要多。

使用电阻、电容改变截止频率的滤波器电路（包括使用了运算放大器的有源滤波器），通常都会先选择合适的电容再选择电阻，就是基于电容的可选空间小而电阻可选空间大很多这一现状，同时这也是硬件设计的经济学。

除此之外，还要考虑的一个重要因素就是 E-系列的"误差"在滤波器设计中的巨大影响。在理论性的截至频率的设计中，通常不会留意这一因素，但在现实的滤波器设计中，这也是一项重要的参数。

误差等级 5% 的电阻、电容仅适合用于设计低阶的高通、低通滤波器。图 1-4 展示了在陷波滤波器（一种阻带很窄的带阻滤波器）设计中不同误差等级的电阻、电容组合在最差情形与理想情况的偏差。电阻、电容的误差不仅可能影响衰减的程度（一般用分贝描述），还有可能使得实际设计的频率中心点完全偏离预期。在设计高阶低通或者高通滤波器时，误差等级劣于 1% 的电阻或电容往往带来灾难性的后果。在最差情形，陷波器的衰减只有 18dB ［图1-4(a)］，不到预期衰减的十分之一。当使用 1% 等级的电阻和 5% 等级的电容的组合时，状况急剧下降，仿真程序经常找不到有效的较深的陷波频率点 ［图1-4(b)］。如果使用 5% 误差等级的电阻和电容，很有可能完全无法实现陷波 ［图1-4(c)］。

[①] IEC 63 说明 E3 等级的容差为 >20%，实际应用的时候往往设定容差 40% 或 50%，有时也设定了不对称的容差（表1-1）。
[②] round 函数按指定的位数对数值进行四舍五入。
[③] 为方便对比，这里列出 2022 年 3 月在嘉立创（http://www.szlcsc.com/）查询的 100nF 和 100/1000Ω 的电阻的价格供参考，这 2 个阻、容值在电路中应用普遍。电容只找到误差 ±10% 和 ±5% 的产品：100nF 电容，0402 封装，三星生产，±10%，16V，34 元/万片；100nF 电容，0402 封装，村田生产，±5%，16V，211 元/万片；100nF 电容，1210 封装，基美生产，±2%，10V，5925 元/万片；100Ω 电阻，0402 封装，厚声生产，±1%，26.8 元/万片；1kΩ 电阻，0402 封装，厚声生产，±1%，21 元/万片。

表 1-1 IEC 60063 的电阻、电容优选值

类别	优选值
E3（+50%/−30% 或 +80%/−20%）	10, 22, 47
E6 (±20%)	10, 15, 22, 33, 47, 68
E12 (±10%)	10, 12, 15, 18, 22, 27, 33, 39, 47, 56, 68, 82
E24 (±5%)	10, 11, 12, 13, 15, 16, 18, 20, 22, 24, 27, 30, 33, 36, 39, 43, 47, 51, 56, 62, 68, 75, 82, 91
E48 (2%)	100, 105, 110, 115, 121, 127, 133, 140, 147, 154, 162, 169, 178, 187, 196, 205, 215, 226, 237, 249, 261, 274, 287, 301, 316, 332, 348, 365, 383, 402, 422, 442, 464, 487, 511, 536, 562, 590, 619, 649, 681, 715, 750, 787, 825, 866, 909, 953
E96 (±1%)	100, 102, 105, 107, 110, 113, 115, 118, 121, 124, 127, 130, 133, 137, 140, 143, 147, 150, 154, 158, 162, 165, 169, 174, 178, 182, 187, 191, 196, 200, 205, 210, 215, 221, 226, 232, 237, 243, 249, 255, 261, 267, 274, 280, 287, 294, 301, 309, 316, 324, 332, 340, 348, 357, 365, 374, 383, 392, 402, 412, 422, 432, 442, 453, 464, 475, 487, 499, 511, 523, 536, 549, 562, 576, 590, 604, 619, 634, 649, 665, 681, 698, 715, 732, 750, 768, 787, 806, 825, 845, 866, 887, 909, 931, 953, 976
E192 (±0.5%)	100, 101, 102, 104, 105, 106, 107, 109, 110, 111, 113, 114, 115, 117, 118, 120, 121, 123, 124, 126, 127, 129, 130, 132, 133, 135, 137, 138, 140, 142, 143, 145, 147, 149, 150, 152, 154, 156, 158, 160, 162, 164, 165, 167, 169, 172, 174, 176, 178, 180, 182, 184, 187, 189, 191, 193, 196, 198, 200, 203, 205, 208, 210, 213, 215, 218, 221, 223, 226, 229, 232, 234, 237, 240, 243, 246, 249, 252, 255, 258, 261, 264, 267, 271, 274, 277, 280, 284, 287, 291, 294, 298, 301, 305, 309, 312, 316, 320, 324, 328, 332, 336, 340, 344, 348, 352, 357, 361, 365, 370, 374, 379, 383, 388, 392, 397, 402, 407, 412, 417, 422, 427, 432, 437, 442, 448, 453, 459, 464, 470, 475, 481, 487, 493, 499, 505, 511, 517, 523, 530, 536, 542, 549, 556, 562, 569, 576, 583, 590, 597, 604, 612, 619, 626, 634, 642, 649, 657, 665, 673, 681, 690, 698, 706, 715, 723, 732, 741, 750, 759, 768, 777, 787, 796, 806, 816, 825, 835, 845, 856, 866, 876, 887, 898, 909, 919, 931, 942, 953, 965, 976, 988
备注	E192 系列值也用于 0.25% 和 0.1% 容差的电阻、电容

注：$V_n = \mathrm{round}(\sqrt[m]{10^n})$，其中 V_n 是四舍五入取整之后的结果，m 是 E 系列分组的大小，n 是范围 $\{0, 1, 2, \cdots, m-1\}$ 内的整数。

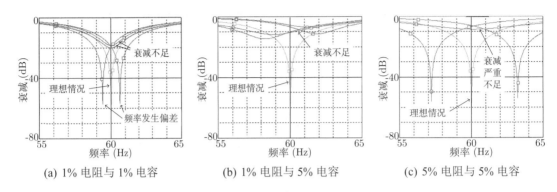

(a) 1% 电阻与 1% 电容　　(b) 1% 电阻与 5% 电容　　(c) 5% 电阻与 5% 电容

图 1-4　阻容误差对滤波器设计的影响

从库存和采购的角度来解读滤波器的设计，则不仅仅关注滤波器的频率误差，还会看不同的结构使用的芯片、阻容数量，滤波器的最常用的两种拓扑结构对无源器件的数量需求是不一样的。图 1-5 展示了常用的 2 种二阶低通滤波器的配置。两种结构都需要 2 片电容，但 SALLEN-KEY 结构需要 2 片电阻、MFB 结构需要 3 片电阻。不同数量的电阻需求对采购、库存的要求也不一样。

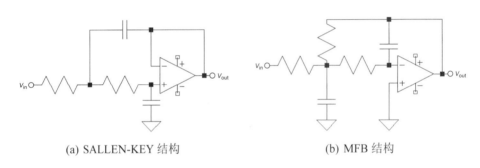

(a) SALLEN-KEY 结构　　　　　　(b) MFB 结构

图 1-5　二阶低通滤波器

从式（1-4）可知，图 1-3 所示滤波器的截止频率由 R 与 C 的乘积确定，只要该乘积不变，该电路的输出电压表现出的频率特性就是一样的。这是一个很有用的特性，在工程中应用起来很方便。如果 R 的阻值变为原来的 10 倍，只需要将 C 的容值改为原来的 1/10 就行了。但是，不同的 R、C 的组合，在电路中流过的电流的大小也是不同的。设电源为幅值 5V、频率 10kHz 的正弦波，当 C 取值 1μF、R 取值 10Ω 和 C 取值 1nF、R 取值 10kΩ 时，电容取值为 1000 倍，电路的输出的电压是一样的，但是电路中的电流的差别却也是 1000 倍，分别为约 263mA 和 263μA，从而导致两种取值模式下电阻的能量消耗差距达到 1000 倍。我们知道，电容是电路中的储能元件，但是在电阻中消耗的能量却都是实实在在地转换成了热能。不当的电阻选择会导致能量消耗过多，既会给电路的电源设计增加挑战，也会因为散热引起电路过热、电路特性改变等问题。

电阻和电容还有一项特性，即其值会随着温度变化而变化，这一特性通常用电阻温度系数（temperature coefficient of resistance，TCR）来描述。它表示当温度改变 1°C 时，电阻值的相对变化,单位为 ppm/°C。普通电阻、电容(有的电路中电阻、电容作为传感器件用于监测温度变化,不在讨论之列)的厂商通过工艺、材料等方法努力削弱温度影响。极寒或极热环境和使用过程中产生的热量,都会对电阻和电容的选择带来新的挑战。如用于深部勘探的井下记录设备的电路,工作环境比普通场景要高 100 多摄氏度,相应的器件通常需要专用的材料和工艺制作,因此价格也格外昂贵。

对级联的高阶滤波器,在设计的过程中还会存在一个复杂的问题,即对这个滤波器我们是希望最大的通带平坦度,还是最快的通带-阻带转换,抑或是恒定的线性相位响应(图 1-6)。具有最大通频带平坦特性的巴特沃斯(Butterworth)滤波器常用于 ADC 数据采集系统的抗混叠滤波,而具有恒定的群延迟(线性相位响应)的贝塞尔(Bessel)滤波器则常用于 Audio Crossover 系统中。高阶滤波器的幅频、相移、通带-阻带转换速度等都受构建滤波器的电阻、电容控制,也是电阻值、电容值选择需要考虑的因素。

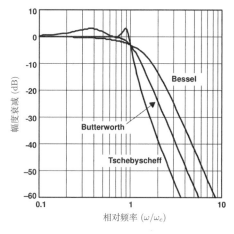

(a) 幅频特性

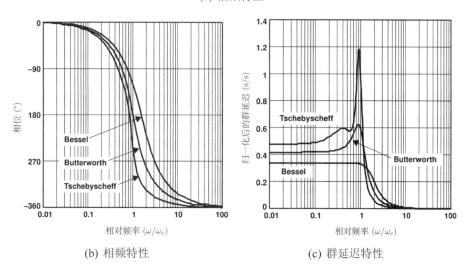

(b) 相频特性　　　　　　　　　(c) 群延迟特性

图 1-6　四阶低通 Bessel、Butterworth 和 Tschebyshceff 滤波器的幅度、相位、群延迟随相对频率的变化特性（ω 为测试频率，ω_c 为截止频率）

电阻、电容的取值会影响电路的功率，也会产生额外的散热设计需求，它们的封装则会直接影响散热。表 1-2 展示了常见贴片电阻的封装及其功率的一般对应关系。在实际的电路设计中针对器件上不同的发热量需要选择合适的封装。

表 1-2 常见贴片电阻的封装及其功率

封装型号		额定功率（W）	最大工作电压（V）
英制	公制		
0201	0603	1/20	25
0402	1005	1/16	50
0603	1608	1/10	50
0805	2012	1/8	150
1206	3216	1/4	200
1210	3225	1/3	200
1812	4832	1/2	200
2010	5025	3/4	200
2512	6432	1	200

总结一下，在电子滤波器的设计中，无论是有源滤波器还是无源滤波器，其截止频率主要是通过设置不同的电阻、电容实现的。在电子工程实践中，选择电阻、电容既需要考虑它们的大小，也要考虑价格、数量、精度等级、温度等级，以及其在电路中的功耗等多种因素的影响。

习 题

1. C、C++ 和 Java 等计算机语言各有哪些优缺点。
2. 你用过哪些可以美化（格式化）代码的软件？
3. 在编写代码的过程中，为什么要美化（格式化）代码？
4. 学习阅读软件工程的书籍，并分析在暑期实习过程中，有哪些方法可以帮助我们更好、更快地完成项目。
5. 你了解哪些采购电子元器件的平台，这些平台各有什么特点？
6. 在实习、实验过程中，你喜欢和老师或者同学交流么？通常交流什么内容？你认为这些交流对实验项目的完成有哪些帮助？

第二章　MATLab 入门

MATLab 是 matrix laboratory 的缩写，是一款由美国 MathWorks 公司出品的商业数学软件。MATLab 是一种用于算法开发、数据可视化、数据分析以及数值计算的高级技术计算语言和交互式环境。除了矩阵运算、绘制函数/数据图像等常用功能外，MATLab 还可以用来创建用户界面及调用其他语言（包括 C、C++、FORTRAN）编写的程序。

MATLab 在语法上接近数学表达的自然语言，规则简单、交互性好，不但适合各类学科的入门探索，也适合专业研究时的复杂计算。

MATLab 是收费软件，也有许多优秀的开源、免费替代软件。

学习目标

- 了解 MATLab 的发展历史及其免费替代软件
- 了解 MATLab 的基本功能
- 了解 MATLab 的开发方法
- 掌握 MATLab 的基本语法
- 掌握 MATLab 中数据的基本操作
- 学会 MATLab 中数据的可视化
- 理解 MATLab 应用的案例

第一节　MATLab 发展简史

根据 MATLab 创始人 Cleve Moler 的介绍，最初的 MATLab 并不是编程语言，只是一个简单的交互式矩阵计算器，没有程序、工具箱、图形化，也没有 ODE（ordinary differential equation，常微分方程）或 FFT（fast Fourier transform，快速傅里叶变换）。它第一版的数学基础是 Wilkinson 与 18 个同事于 1965—1970 年间发表的一系列研究论文，后被收集到 Wilkinson 和 Reinsch 编写的《自动化计算手册（第二卷）: 线性代数》(*Handbook for Automatic*

Computation, *Volume* II, Linear Algebra)中。他们阐述了解决矩阵线性方程和特征值问题的算法,并用 Algol 60 实现这些算法。1970 年,阿贡国家实验室的一组研究人员建议美国国家科学基金会(NSF)调研满足研发、测试和推广高质量数学软件所需要的方法、成本和资源,并进行测试、认证、分发和支持在特定问题领域的数学软件包。该科研组将手册中解决特征值问题的 Algol 转换为 FORTRAN,并在测试和可移植性方面做了大量研究,最终开发出 EISPACK(矩阵特征系统软件包)。EISPACK 的首个版本于 1971 年发布,并于 1976 年推出了第二版。

1975 年,Cleve Moler 等提交另一个研究项目(调研数学软件的开发方法)到 NSF。这个项目的副产品就是名为 LINPACK 的线性方程软件包。LINPACK 源于 FORTRAN,不涉及 Algol。该软件包在每个数字精度(共 4 个)中包含 44 个子程序。

20 世纪 70 年代和 80 年代初期,Moler 在新墨西哥大学教授线性代数和数值分析。当时学生使用校园主机做计算,要编写 FORTRAN 程序,通常需要执行远程批处理和重复编辑—编译—链接—加载—执行过程,用起来很不方便。

因此,Moler 研读了 Niklaus Wirth 的著作 *Algorithms + Data Structures = Programs*,学习如何解析编程语言,并用 FORTRAN 编写了初版 MATLab,其数据类型只有矩阵。这个项目当时只是 Moler 的兴趣爱好,因为他希望了解编程新领域,并且可以给他的学生学习,方便他们使用 LINPACK 和 EISPACK。那时候 Moler 没有任何正式的外部支持,当然也没有商业计划。

初版 MATLab 只是一个交互式矩阵计算器。图 2-1 的启动屏幕展示了所有保留的文字和函数,只有 71 个。要添加其他函数,用户必须从 Moler 那里获取源代码,编写 FORTRAN 子程序,在解析表里添加自己的函数名称,然后重新编译 MATLab。

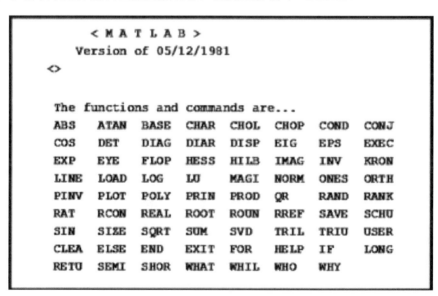

图 2-1 MATLab 第一版的开始界面

1979—1980 年,Moler 在斯坦福教授数值分析的研究生课程,并在课程中引入了 MAT-

Lab。当时一些学生也在学习控制理论和信号处理等课程，这些课程涉及的数学以矩阵运算为核心，因此 MATLab 迅速得到了学生们的追捧。

Jack Little 当时正在斯坦福攻读研究生工程学位。他的一个朋友是 Moler 的学生并向他展示了 MATLab，随后他便在工作中用到了它。

1983 年，Little 提议开发基于 MATLab 的商用产品。彼时，IBM® 台式机才推出两年，很难支持 MATLab 这样的程序的运行，但是 Little 希望对它进行改进。他辞掉了工作，在 Sears 购买了 Compaq® 电脑克隆机，并搬到了斯坦福的后山上。在 Moler 的鼓励下，他用 C 语言编写了 MATLab 新的扩展版本。Moler 的一个朋友 Steve Bangert 也在业余时间研究新版 MATLab。

终于，PC-MATLab 于 1984 年在拉斯维加斯举行的 IEEE Conference on Decision and Control 上首次发布。次年，针对 Unix 工作站的 Pro-MATLab[①]发布，自此拉开了 MATLab 商业化的序幕。

在扩展版本中，Little 和 Bangert 对初版 MATLab 做了许多重要的修改和提高。其中最重要的是函数、工具箱和图形化。

现在的 MATLab 不仅仅利用为数众多的附加工具箱（Toolbox）用于数值运算，也应用于其他不同领域，如控制系统设计与分析、图像处理、信号处理与通讯、金融建模和分析等。另外它还有一个配套软件包 Simulink，提供了一个可视化开发环境，常用于系统模拟、动态/嵌入式系统开发等方面。

第二节　MATLab 的免费替代品

从上面的介绍我们知道 MATLab 是历史悠久的商业软件，个人使用 MATLab 也需要商业授权，因此诞生了很多开源、免费的替代软件，如 FreeMat、Octave、Scilab 等（表 2-1）。它们具有与 MATLab 类似的软件界面和使用方法，一般都更加精简，也更加适合嵌入到第三方应用。Octave 和 Scilab 的更新也都很频繁，近几年每年都有两三次更新，这两个软件的本地帮助文档也都非常优秀，阅读和查询体验都很好。

Octave 的语法比 MATLab 的兼容性要更好，两者的程序几乎可以通用；Scilab 中的不少 API 与 MATLab 相比有些许差异，但是它提供了专门的程序可以实现 MATLab 代码往 Scilab 的代码转换。

另外基于 Python 语言的 NumPy 和 SciPy 在数据计算、建模、仿真方面也有很高的热度。NumPy 是 Python 语言的一个扩展程序库，支持大量的维度数组与矩阵运算，此外也针对数组运算提供大量的数学函数库。SciPy 是一个开源的、基于 NumPy 的 Python 算法库和数学工具包，包含的模块有优化、线性代数、积分、插值、特殊函数、快速傅里叶变换、信号处理、图像处理、常微分方程求解和其他科学与工程中常用的计算方法。

[①]在英语中，pro-是 professional 的缩写，表示专业版的意思。专业版的软件通常是需要收费的。

表 2-1 MATLab 及开源竞品

软件	安装包大小	Windows	Linux	MacOS	最新更新	价格
MATLab 2016	8GB	✓	✓	✓	持续更新	基础版：1.6 万元/永久授权；0.64 万/季度①
FreeMat	54MB	✓	✓	✓	2013 年 6 月 30 日	免费、开源
Octave	300MB	✓	✓	✓	持续更新	免费、开源
Scilab	184MB	✓	✓	✓	持续更新	免费、开源

第三节　MATLab 学习

在入门学习的时候，虽然有诸多免费开源的替代软件，但 MATLab 却是最好用的，因为它有访问便捷的离线帮助文档系统，包含 MATLab 的入门学习、函数介绍、各类工具箱的使用等诸多主题，内容组织层次化很好，查询也很方便。

MATLab 公司也提供了一款**在线的、免费的、135 分钟的**中文版教程（表 2-2），包含 14 个小主题，从理论到实践，对 MATLab 基础内容的学习进行了全方位覆盖。

表 2-2 MATLab 官方入门教程内容列表

序号	主题	内容	预计完成时间
1	课程概述	熟悉本课程	5 分钟
2	命令	在 MATLab 中输入命令，执行计算和创建变量	10 分钟
3	MATLab 桌面和编辑器	编写和保存您自己的 MATLab 程序	10 分钟
4	向量和矩阵	创建包含多个元素的 MATLab 变量。	10 分钟
5	加入索引并修改数组	使用索引提取和修改 MATLab 数组的行、列和元素	15 分钟
6	数组计算	一次对整个数组执行计算	10 分钟
7	调用函数	调用函数，获得多个输出	5 分钟
8	获得帮助	使用 MATLab 文档了解关于 MATLab 功能的信息	5 分钟
9	绘图数据	使用 MATLab 的绘图函数实现变量可视化	15 分钟
10	复习问题	归纳您在一个项目中学到的概念	10 分钟
11	导入数据	把数据从外部文件导入 MATLab	10 分钟
12	逻辑数组	使用逻辑表达式，帮助您从 MATLab 数组中提取有需要的元素	10 分钟
13	编程	编写根据特定条件执行代码的程序	10 分钟
14	最终项目	归纳您在一个项目中学到的概念	10 分钟

①2020 年 3 月在 https://ww2.mathworks.cn/pricing-licensing.html?prodcode=ML 的查询结果。

1. MATLab 在线帮助文档

作为一款昂贵的商业软件，MATLab 最大的优势就是提供了非常优秀的帮助文档。这些帮助文档既有入门教程，也有特性概览，还有各个语法特征、函数、工具包的使用说明。入门教程既有英文的，也有中文的，还有很多其他的语言版本。下面是官方网站提供的中文帮助文档的大纲，包含 10 个类目。

（1）MATLab 快速入门：MATLab 基础知识学习。

（2）语言基础知识：语法、数组索引和操作、数据类型、运算符。

（3）数据导入和分析：导入和导出数据，包括大文件；预处理数据、可视化和浏览。

（4）数学：线性代数、微积分、傅里叶变换和其他数学。

（5）图形：二维和三维绘图、图像、动画。

（6）编程：脚本、函数和类。

（7）App 构建：使用 App 设计工具、GUIDE 或编程工作流进行 App 开发。

（8）软件开发工具：调试和测试、组织大型工程、源代码管理集成、工具箱打包。

（9）外部语言接口：外部语言和库接口，包括 Python®、Java®、C、C++、.NET 和 Web 服务。

（10）环境和设置：预设和设置、平台差异、添加硬件和可选功能。

2. MATLab 入门教程

对 MATLab 入门者，强烈建议一定要阅读、学习官方提供的入门教程，尤其是其中的 MATLab 快速入门。

（1）桌面基础知识：在命令行上输入语句并查看结果。

（2）矩阵和数组：MATLab 主要处理数组和矩阵，既可以整个处理，也可以部分处理。矩阵是指通常用来进行线性代数运算的二维数组。

（3）数组索引：MATLab 中的变量通常是可包含很多数字的数组。如果要访问数组的选定元素，请使用索引。

（4）工作区变量：工作区包含在 MATLab 中创建或从数据文件或其他程序导入其中的变量。

（5）文本和字符：为文本创建字符串数组或为数据创建字符数组。

（6）调用函数：MATLab 提供了大量执行计算任务的函数。要调用函数，请将其输入参数括在圆括号中。

（7）二维图和三维图：图形函数包括二维和三维绘图函数，用于以可视化形式呈现数据和通信的结果。

（8）编程和脚本：最简单的一种 MATLab 程序称为脚本。脚本包含一系列命令和函数调用。

（9）帮助和文档：所有函数都有辅助文档，这些文档包含一些示例，并介绍函数输入、输出和调用语法。

（10）矩阵和幻方矩阵：输入矩阵，执行矩阵运算并访问矩阵元素。

（11）表达式：使用变量、数字、运算符、函数和表达式。

（12）输入命令：更改输出格式，取消输出、输入长行，以及在命令行中进行编辑。

（13）索引：访问矩阵元素，通过串联创建矩阵，以及删除矩阵行和列。

（14）数组类型：使用多维数组、元胞数组、字符与文本数据，以及结构体。

（15）线性代数：介绍如何在 MATLab 中创建矩阵和执行基本矩阵计算。

（16）非线性函数的运算：可以创建任何 MATLab 函数的句柄，并将该句柄用作引用该函数的一种方式。函数句柄通常在参数列表中传递给其他函数，然后，其他函数可以使用该句柄执行或计算相应函数。

（17）多变量数据：MATLab 对多变量统计数据使用列向分析。数据集中的每一列都代表一个变量，每一行都代表一个观测值。第 (i,j) 个元素是第 j 个变量的第 i 个观测值。

（18）数据分析：如何设置基本数据分析。

（19）基本绘图函数：使用绘图函数创建和修改绘图。

（20）创建网格图和曲面图：可视化包含两个变量的函数。

（21）显示图像：使用图像。

（22）打印图形：打印和导出图窗。

（23）处理图形对象：可视化包含两个变量的函数。

（24）控制流：使用流控制结构，包括 if、switch 和 case、for、while、continue 和 break。

（25）脚本和函数：编写脚本和函数，使用全局变量，向函数传递字符参数，使用 eval 计算文本表达式，向量化代码，预分配数组，使用句柄引用函数，以及使用处理函数的函数。

MATLab 快速入门可以按照 3 个小时（每天 1.5 小时，共 2 天）的时间安排进行学习，然后尝试用 MATLab 解决几个具体问题，就可以初步掌握其使用了。

MATLab 及其替代品 Scilab、Octave 等的使用方法类似，因此学习资源也可以共享。读者可以先利用一个平台的学习资源，然后在另一个平台做实验、编程验证。

MATLab 是一种解释性的语言，学习 MATLab，可以先了解一下其基础语法，然后从语法介绍的例子开始，将指令（代码）输入命令行或者编辑器进行尝试和测试，最后根据自己的理解，调整指令的内容，观察是否能够得到预期的变化（结果）。

第四节 MATLab 界面介绍

MATLab 有图形化的操作界面，PC 上图形化的操作界面一般包括菜单和客户区两个部分。启动 MATLab 后，界面（桌面）（图 2 - 2）会以默认布局显示。较新版本的 MATLab 菜单栏都使用了 Ribbon UI（图 2 - 2 的上部），这是微软最早在 Office 2007 中引入的交互界面，并在后续的很多软件中都使用。当前文件夹窗口、编辑器窗口、命令行窗口和工作区窗口等位于菜单的下方，属于图形化操作界面的客户区。

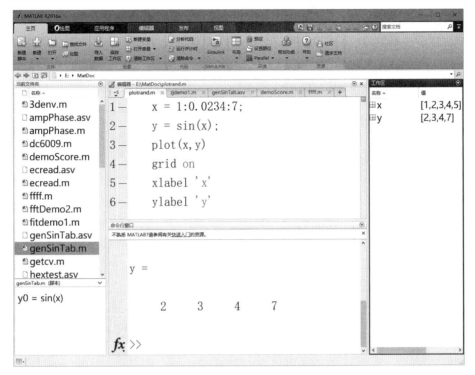

图 2-2　MATLab 的工作界面

一、当前文件夹

Ribbon UI 菜单下方左侧栏显示的是**"当前文件夹"**（图 2-2 左上侧），在图中是"▭ E:/MatDoc"。在当前计算机的使用上，有一个很重要的概念是"当前文件夹"，它是在编程中指定一个文件或者函数时，对相对路径格式给出的文件名，MATLab 优先从"当前文件夹"开始搜索相应的文件。左侧的导航区域的**"当前文件夹"**显示了当前文件夹中的内容。

当鼠标单击选中文件夹中的文件后，"当前文件夹"窗口下面的概览栏中会显示选中文件的内容或概要信息。

二、编辑器

编辑器区域（图 2-2 中间居上的窗口区域）用于脚本或者函数的编写。脚本是一系列的程序指令，类似于命令行操作系统的批处理文件。用户在这个区域输入一系列的指令，并通过菜单 编辑器 中的命令来执行完整的代码或者部分代码，或者单步运行部分代码，同时根据运行效果来调整代码。

这个区域可以同时编辑多个文档，方便同时调试多个程序（脚本或函数），或者通过相互对照来修改目标代码。

编辑器的左边框默认显示行号，在长代码调试中方便定位代码，或者交流的时候方便引用代码。图2-2显示了目前正在编写的脚本或函数。

三、命令行

命令行窗口（图2-2）是执行交互式 MATLab 命令的区域。用户可以在该区域输入变量定义、指令，还可以通过键盘的上下箭头快速浏览、输入指令历史里的条目。

四、工作区

右侧的**"工作区"**中显示了目前正在使用的**变量**，在图2-2里的变量名称是 x、y，它们的实际内容也可以在"值"栏中点击查看。

在工作区中可以浏览用户在命令行或编辑器中创建的或从文件导入的数据，选择了对应的数据之后，也可以删除、复制、重命名、保存变量。如果变量的内容适合直接绘图，也可以直接在这里选择相应的可视化方案。

五、菜单介绍

"主页"[图2-3(a)]提供了最常用的打开 MATLab 时可以执行的操作。这里包括脚本文件的新建、打开、查找、比较，导入数据、保存工作区、新建变量、打开变量、清除工作区，代码分析、计时、命令行及命令历史的清除，Simulink 的打开，MATLab 的配置以及帮助文档、社区请求等内容。

"绘图"[图2-3(b)]部分可以根据数据的特征以及可视化的要求，选择绘制数据的曲线图（plot）、柱状图（bar）、面积图（area）、饼图（pie）、统计直方图（histogram）、等值线图（contour）、表面图（surf）、网格图（mesh）、对数图（semilogx、semilogy、loglog）、火柴图（stem）等。

"应用程序"[图2-3(c)]部分则包括获取更多应用程序（工具箱）、安装应用程序和应用程序打包，以及曲线拟合、优化、PID 调节、系统辨识、信号分析、图像采集、仪器控制、生物仿真、C 程序转换等工具箱的使用等内容。

"编辑器"[图2-3(d)]部分提供了包括新建、打开和保存脚本、函数以及查找文件、比较、打印等文件操作命令，注释、缩进等编辑命令，断点设置、运行、计时等调试命令。

"发布"[图2-3(e)]部分对发布 MATLab 代码提供了支持，使得用户可在编辑器内直接实现各种字体的注释和添加 LaTeX 格式的注释，或将 MATLab 代码转换为 LaTeX 代码等。

"视图"[图2-3(f)]提供了调整 MATLab GUI 视图窗口的显示与否、相对位置等窗口操作相关的菜单。

(a) 主页

(b) 绘图

(c) 应用程序

(d) 编辑器

(e) 发布

(f) 视图

图 2-3　MATLab 的 Ribbon 菜单介绍

第五节　Matrix 的生成与操作

一、指令的输入和测试

在 MATLab 环境编写程序通常有两种方式：在命令行窗口输入指令进行交互式设计和在编辑窗口输入一系列指令形成脚本。

1. 命令窗口的交互式输入

MATLab 是一种解释型的编程环境[①]，也就是说，只要你给 MATLab 一个命令，它就会马上开始执行。

在命令提示符">>"后键入一个有效的表达，例如：

```
1  >> 2+3
```

按下回车键，计算的结果马上就返回了：

```
1  ans =
2
3       5
```

在命令行输入指令进行交互式计算的方案特别适合一些简单的计算任务［图 2-4(a)］，或者测试一些指令的使用，或者查阅文档。

在命令行窗口输入 clc 可以清空命令行窗口。最近一次的计算结果默认表达为变量 ans。

2. 编辑窗口的脚本输入

对稍微复杂的计算任务，可能需要边测试、边修改指令或者调整指令顺序，这个时候就可以在编辑器中［图 2-4(b)］输入解决问题的指令系列，边运行、边修改。

点击 主页 〉新建+ 新建一个脚本，就会打开**编辑器**。在编辑器中输入代码之后通过 编辑器 〉运行▷ 来执行输入的代码。对新建的脚本点击 运行▷ 后会弹出文件对话框提示保存文件的文件夹以及文件名。弹出的对话框所在的文件夹通常是 MATLab 的可执行文件所在的文件夹，**建议**用户专门创建一个文件夹来存放自己编写的脚本，如"📁E:/MatDoc"，同时文件名也用纯英文的名称，避免使用中文的文件名，对弹出的对话框通常选择"添加到路径"（图 2-5）。

[①] 另外一个常用的编程语言 C，则需要将编写的代码由编译器、链接器生成可执行程序，才能运行。

> **注意**
>
> 很多软件的国际化做得并不是太好,因此保险的做法是文件名、文件所在的文件路径均使用 ASCII 字符;另外 Windows 操作系统(如 Vista、WIN10)对存放在系统盘(通常是 C:盘)的文件往往也有访问权限的要求,编程的初学者应避开这些雷区,不要把自己的工作目录设在 C:盘。

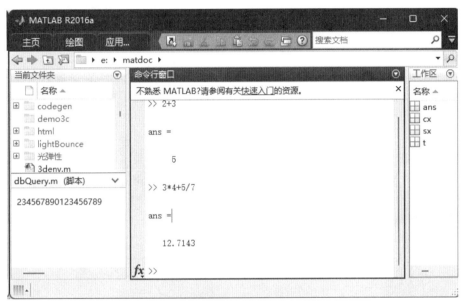

(a) 在命令行进行交互式编程

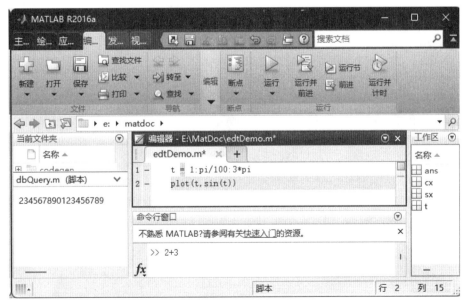

(b) 在编辑器中编写脚本

图 2-4 MATLab 的测试的两种主要方式

图 2-5 新建脚本的工作目录设置提示，**建议**选择"添加到路径"

二、数组和矩阵的创建

MATLab 主要用于处理整个矩阵和数组，而其他编程语言大多逐个处理数值。

在 MATLab 环境中，矩阵是由数字组成的矩形数组。有时，1×1 矩阵（即标量）和只包含一行或一列的矩阵（即向量）会附加特殊含义。MATLab 采用其他方法来存储数值数据和非数值数据，但刚开始时，通常最好将一切内容都视为矩阵。

矩阵是 MATLab 的数据默认格式，**所有** MATLab 变量都是多维数组，与数据类型无关。矩阵是指通常用来进行线性代数运算的二维数组。在 MATLab 中很多运算都是用类代数的表达式或者函数来实现的。

1. 数组/矩阵的创建

要创建每行包含 4 个元素的数组，使用**逗号**（,）或**空格**分隔各元素。

```
1  >> a = [1 2 3 4]
2  a =
3
4        1     2     3     4
```

这种数组为行向量。要创建包含多行的矩阵，使用分号分隔各行。

```
1   >> A = [1 2 3; 4 5 6; 7 8 10]
2   A =
3
4         1     2     3
5         4     5     6
6         7     8    10
7
8   >> B = [20 30 40 ; 500 600 700 ; 8000 9000 1000]
9
10  B =
11
12        20         30         40
13       500        600        700
```

| 14 | 8000 | 9000 | 1000 |

创建矩阵的另一种方法是使用 ones（全 1 矩阵）、zeros（全 0 矩阵）、true/false（逻辑矩阵）或 rand（均匀分布的随机矩阵）、randn（正态分布的随机矩阵）、eye（单位矩阵）、diag（对角矩阵）、magic（幻方矩阵）等函数。例如，创建一个由零组成的 5×1 列向量。

```
1  >> z = zeros(5,1)
2  z =
3
4        0
5        0
6        0
7        0
8        0
```

幻方矩阵是一个神奇的矩阵，在文艺复兴时期德国艺术家丢勒（Albrecht Dürer）的雕刻 Melencolia I 中就记录了一个 4 阶幻方矩阵（图 2-6）。

(a) Melencolia I

(b) 丢勒矩阵

图 2-6 雕刻 Melencolia I 及 4 阶幻方矩阵

在命令行窗口输入 **M** = [16 3 2 13; 5 10 11 8; 9 6 7 12; 4 15 14 1] 即可得到丢勒矩阵。例如：

```
1  >> M = [16 3 2 13; 5 10 11 8; 9 6 7 12; 4 15 14 1]
2
3  M =
4
5      16     3     2    13
6       5    10    11     8
7       9     6     7    12
8       4    15    14     1
```

函数 magic 可以方便地生成幻方矩阵（与丢勒矩阵稍有不同），也可以生成其他阶数的矩阵。例如：

```
1  >> magic(4)
2
3  ans =
4
5      16     2     3    13
6       5    11    10     8
7       9     7     6    12
8       4    14    15     1
```

在 MATLab 中，标量即只有 1 个元素的矩阵，如 $x = 3.145926$ 定义了一个 1×1 的矩阵。

除了上述直接生成矩阵和用函数生成矩阵的方法外，还可以从外部数据文件加载矩阵，或者将当前运算的矩阵保存为文件之后下次加载使用。

MATLab 中也支持复数，复数包含实部和虚部，虚数单位是 -1 的平方根。例如：

```
1  >> sqrt(-1)
2
3  ans =
4
5     0.0000 + 1.0000i
```

在 MATLab 中，用 i 或 j 表示复数的虚部。例如，输入一个 2×2 的复数矩阵：

```
1  >> c = [3+4i, 4+3j; -i, 10j]
2
3  c =
4
5     3.0000 + 4.0000i   4.0000 + 3.0000i
6     0.0000 - 1.0000i   0.0000 +10.0000i
```

可以用 abs 计算复数的模。例如：

```
>> r = abs(3+4i)

r =

     5
```

2. 变量命名

MATLab 是解释性语言，在使用一个变量之前不需要预先声明，这一点和 C 语言不一样。有效的变量名称以字母开头，后跟字母、数字或下划线。**MATLab 和 C/C++ 语言一样区分大小写**，因此 A 和 a 不是同一变量。变量名称的最大长度为 namelengthmax 命令返回的值。

注意，定义变量的时候不能定义与 MATLab 关键字同名的变量（如 **if** 或 **end**）。关键字（keyword）是程序设计中的一个重要概念，它们是一些被赋予了特定意义的单词，有的时候也称为**保留字**。在 MATLab 中，关键字包含以下单词（或单词缩写）。

```
break      case       catch       classdef   continue   else
elseif     end        for         function   global     if
otherwise  parfor     persistent  return     spmd       switch
try        while
```

MATLab 借鉴了 C/C++ 语言的语法，不少关键字也是一样的。

用户可以在命令行中输入 "iskeyword" 来随时获得完整的关键字列表，或者用 "iskeyword('x')" 来判断 x 是不是关键字。

定义变量时应避免创建与函数同名的变量，例如 i、j、mode、char、size 和 path。一般情况下，变量名称优先于函数名称。如果创建的变量使用了某个函数的名称，则有时会获得意外的结果。

使用 **exist** 或 **which** 函数检查拟用名称是否已被使用。如果不存在与拟用名称同名的变量、函数或其他工件，exist 将返回 0。例如：

```
>> exist checkname
ans =
     0
```

如果无意中创建了名称存在冲突的变量，可使用 **clear** 函数将该变量从内存中删除。

> **思考**
>
> 在 C/C++ 的程序设计中，i、j 是使用非常普遍的变量。为什么在 MATLab 中应该避免使用 i、j 命名变量呢？

三、矩阵和数组运算

MATLab 中使用单一的算术运算符或函数来处理矩阵中的所有值,并且表达的方式和代数计算的数学表达一样或者类似。

1. 矩阵加减法

矩阵的加减法有两种形式:一种是矩阵的每个元素加/减同一个值(标量),另一种是两个同维度的矩阵对应位置的元素相加/减。例如,要将前述矩阵 **A** 的每个元素增加 10 或矩阵 **A** 与矩阵 **B** 相加:

```
 1  >> A+10                  %    A =
 2                           %        1      2      3
 3  ans =                    %        4      5      6
 4                           %        7      8     10
 5       11    12    13
 6       14    15    16
 7       17    18    20
 8
 9  >> A+B
10
11  ans =
12
13           21         32         43
14          504        605        706
15         8007       9008       1010
```

2. 矩阵转置

矩阵 **A** 的转置(transpose)运算 A^T 在 MATLab 中用单引号('),即表示 **A'**。例如,要对矩阵 **A** 进行转置运算:

```
1  >> A'
2
3  ans =
4
5       1    4    7
6       2    5    8
7       3    6   10
```

MATLab 中也提供了函数 transpose 和运算符 **.'** 来实现相同的功能，还有 flip（翻转元素顺序）、fliplr（将数组从左向右翻转）、flipud（将数组从上向下翻转）、rot90（将数组旋转 90°）等多种函数用于类似的操作。

3. 矩阵求和

前面说到丢勒矩阵有值得让人深究的迷人特征，即它的行、列、对角线的和都是一样的。此处可以用 MATLab 的求和函数 sum 来验证一下。

```
>> sum(M)

ans =

    34    34    34    34
```

因为 MATLab 在计算中有列优先的特点，这里的 ans 展示的是丢勒矩阵各列的和。在没有指定维度的情况下，sum 默认计算各列的和。

> **注意**
>
> 在 MATLab 之前，最主流的用于科学计算的计算机语言是 FORTRAN，在数组的表达上，FORTRAN 是列优先的，与之对应的 C 语言在处理数组的时候是行优先的，MATLab 选用了 FORTRAN 的方案。具体地说就是，对矩阵
>
> $$\begin{bmatrix} 8 & 1 & 6 \\ 3 & 5 & 7 \\ 4 & 9 & 2 \end{bmatrix}$$
>
> 在 C 语言中，是按照 | 8 | 1 | 6 | 3 | 5 | 7 | 4 | 9 | 2 | 的顺序存放在内存中的，而在 MATLab 和 FORTRAN 中，则是按照 | 8 | 3 | 4 | 1 | 5 | 9 | 6 | 7 | 2 | 的顺序存放在内存中的。
>
> 在现代的操作系统中，计算机中的内存都是按照"页"来组织的，分页/虚拟内存显著降低整体及额外非必要的 I/O 次数，提高系统整体运作性能。在数学计算中，影响运算速度的一个重要参数是"页面命中"，在计算集中的算法的优化设计中，行优先还是列优先是必须要考虑的因素。

如果要计算丢勒矩阵各行的和，可以先将矩阵转置然后求和，即 **sum(M')**；也可以在 **sum** 中指定要计算的维度来直接获得各行的和，即 **sum(M,2)**。这两种方法都可以得到相同的结果，但后者少了一步运算，计算速度会更快。

如果要计算矩阵 M 主对角线上的元素的和，可以先用 diag 函数获取主对角线上的元素，然后求和。

```
>> diag(M)

```

```
 3  ans =
 4
 5      16
 6      10
 7       7
 8       1
 9
10  >> sum(diag(M))
11
12  ans =
13
14       3
```

> **思考**
>
> 如何获得矩阵 **M** 另一条对角线上的元素的和？

4. 矩阵乘法

矩阵 **A** 和矩阵 **B** 的乘积 **AB** 在 MATLab 中直接使用 * 运算符，这将计算行与列之间的内积。例如，确认矩阵乘以其逆矩阵可返回单位矩阵：

```
1  >> p = A*inv(A)
2
3  p =
4
5      1.0000   -0.0000   -0.0000
6      0.0000    1.0000   -0.0000
7      0.0000   -0.0000    1.0000
```

`inv()` 是一个内置函数，用于计算矩阵的逆矩阵。需要注意，p 不是整数值矩阵，MAT-Lab 中默认所有数字都存储为浮点值（8 字节双精度浮点数），算术运算可以区分实际值与其浮点表示之间的细微差别。

> **提示**
>
> 在 MATLab 中使用 format 命令可以调整计算结果的输出格式，如可以显示更多小数位数：
>
> ```
> >> format long
> >> p = A*inv(A)
> ```

```
p =

    1.000000000000000  -0.000000000000000  -0.000000000000000
    0.000000000000001   0.999999999999999  -0.000000000000000
    0.000000000000002  -0.000000000000003   1.000000000000000
```

也可以使用命令 **format** short 将显示内容重置为更短格式。format 仅影响数字显示，不影响 MATLab 对数字的计算或保存方式。

5. 矩阵的元素级乘、除、乘方

要执行**元素级乘法**（而非矩阵乘法），使用 .* 运算符。例如：

```
>> p = A.*A

p =

     1     4     9
    16    25    36
    49    64   100
```

乘法、除法和幂的矩阵运算符分别具有执行元素级运算的对应数组运算符。例如，计算 **A** 的各个元素的三次方：

```
>> A.^3

ans =

       1      8     27
      64    125    216
     343    512   1000
```

6. 串联

串联（concatenation）是连接数组以便形成更大数组的过程。实际上，第一个数组是通过将其各个元素串联起来而构成的。成对的方括号 [ ] 即为串联运算符。例如：

```
>> C = [A,A]

C =

     1     2     3     1     2     3
```

6	4	5	6	4	5	6
7	7	8	10	7	8	10

使用逗号将彼此相邻的数组串联起来称为水平串联。每个数组必须具有相同的行数。同样，如果各数组具有相同的列数，则可以使用分号垂直串联。例如：

```
>> C = [a; a]

C =

     1     2     3
     4     5     6
     7     8    10
     1     2     3
     4     5     6
     7     8    10
```

四、数组索引

MATLab 中的每个变量都是一个可包含许多数字的数组。如果要访问数组的特定元素，要使用数组索引（array indexing）。

例如，假设有 4×4 矩阵 **A**：

```
>> A = [1 2 3 4; 5 6 7 8; 9 10 11 12; 13 14 15 16]

A =

     1     2     3     4
     5     6     7     8
     9    10    11    12
    13    14    15    16
```

引用数组中的特定元素，最常见的方法是指定行和列下标。例如：

```
>> A(4,2)

ans =

    14
```

另一种方法不太常用，但有时非常有用，即使用单一下标按顺序向下遍历每一列。例如：

```
>> A(8)

ans =

    14
```

使用单一下标引用数组中特定元素的方法称为线性索引。

> **注意**
>
> 在使用 MATLab 的索引时要注意，虽然 MATLab 在设计的时候借鉴了 C 语言的语法，但在"索引"的逻辑上使用了不同的设计。C 语言中数组的第 1 个元素的索引是 0，在 MATLAB 中第 1 个元素的索引是 1。

如果尝试在赋值语句右侧引用数组外部元素，MATLAB 会引发错误。例如：

```
>> test = A(4,5)
Index in position 2 exceeds array bounds
    (must not exceed 4).        % 索引超出矩阵维度
```

但是，如果在赋值语句左侧指定当前维外部的元素，数组大小会增大以便容纳新元素。

```
>> A(4,5) = 17

A =

     1     2     3     4     0
     5     6     7     8     0
     9    10    11    12     0
    13    14    15    16    17
```

要引用多个数组元素，请使用冒号运算符，这使可以指定一个格式为 start:end 的范围。例如，列出 **A** 前三行及第二列中的元素：

```
>> A(1:3,2)

ans =

     2
     6
    10
```

单独的冒号（没有起始值或结束值）指定该维中的所有元素。例如，选择 **A** 第三行中的所有列：

```
>> A(3,:)

ans =

     9    10    11    12     0
```

此外，冒号运算符还允许使用较通用的格式 `start:step:end` 创建等间距向量。例如：

```
>> y = 0:10:100

y =

     0    10    20    30    40    50    60    70    80    90   100
```

如果省略中间的步骤（如 `start:end` 中），MATLab 会使用默认步长值 1。

如果需要删除行或列，索引矩阵的行或列赋值为空（方括号），如将前面为 A(4,5) 赋值而添加的第 5 列删除。例如：

```
>> A(:,5)=[]

A =

     1    2    3    4
     5    6    7    8
     9   10   11   12
    13   14   15   16
```

如果删除矩阵中的单个元素，结果将不再是矩阵。因此，表达式 A(1,2) = [ ] 将会导致错误。但是，使用单一下标可以删除一个元素或元素序列，并将其余元素重构为一个行向量。例如：

```
>> A(2:2:10) = []

A =

    1    9    2   10    3   11   15    4    8   12   16
```

根据逻辑和关系运算创建的逻辑向量可用于引用子数组。假定 **X** 是一个普通矩阵，**L** 是一个由某个逻辑运算生成的同等大小的矩阵。那么，**X(L)** 指定 **X** 的元素，其中 **L** 的元素为非零。

通过将逻辑运算指定为下标表达式，可以在一个步骤中完成这种下标。假定具有以下数据集：

```
1  x =
2  [2.1 1.7 1.6 1.5 NaN 1.9 1.8 1.5 5.1 1.8 1.4 2.2 1.6 1.8];
```

NaN（**n**ot **a n**umber）是用于缺少的观测值的标记，如无法响应问卷中的某个项。要使用逻辑索引删除缺少的数据，使用 isfinite(x)，对于所有有限数值，该函数为 true；对于 NaN 和 Inf，该函数为 false。例如：

```
1  >> x = x(isfinite(x))
2  x =
3    2.1 1.7 1.6 1.5 1.9 1.8 1.5 5.1 1.8 1.4 2.2 1.6 1.8
```

现在，存在一个似乎与其他项很不一样的观测值，即 5.1。这是一个离群值（outlier）。剔除异常值的方法有很多，3δ 准则是常用的方案。用下面的语句删除比均值大三倍标准差的元素。

```
1  >> x = x(abs(x-mean(x)) <= 3*std(x))
2  x =
3    2.1 1.7 1.6 1.5 1.9 1.8 1.5 1.8 1.4 2.2 1.6 1.8
```

> **注意**
>
> 在统计学中，异常值或离群值是指与其他观测值有显著差异的数据点。异常值可能由观测现象的变化或由实验误差造成，后者需要从数据集中排除。异常值可能会导致统计分析中出现严重问题。

能妥善处理异常值的估计量，称为"稳健"。中位数是集中趋势的稳健统计量，但平均数则不然。例如，在上述 x 的值中插入 2 个远离均值的值，然后查找与均值的差在 3 个标准差以内的元素：

```
1  >>x=
2  [2.1 1.7 10230.6 1.5 1.9 1.8 10654.5 5.1 1.8 1.4 2.2 1.6];
3  >> abs(x-mean(x)) <= 3*std(x)
4
5  ans =
6
7    1  1  1  1  1  1  1  1  1  1  1  1
```

结果发现所有的值都符合要求，但 10230.6 和 10654.5 这两个值显然与其他值不同，需要更好的异常值检测（anomaly detection，outlier detection）方案。MATLab（版本 2018b 之后）提供的 rmoutliers 函数集成了多种方案可用于异常值检测/剔除。

标量扩展对于另一示例，可使用逻辑索引和标量扩展将非质数设置为 0，以便高亮显示丢勒幻方矩阵中质数的位置。例如：

```
>> M(~isprime(M)) = 0

M =

     0     3     2    13
     5     0    11     0
     0     0     7     0
     0     0     0     0
```

find 函数可用于确定与指定逻辑条件相符的数组元素的索引。find 以最简单的形式返回索引的列向量。转置该向量以便获取索引的行向量。例如，再次从丢勒的幻方矩阵开始，使用一维索引选取幻方矩阵中质数的位置：

```
>> k = find(isprime(M))'

k =

     2     5     9    10    11    13
```

使用以下命令按 k 确定的顺序将这些质数显示为行向量。

```
>> M(k)

ans =

     5     3     2    11     7    13
```

将 k 用作赋值语句的左侧索引时，会保留矩阵结构。

```
>> M(k) = NaN

M =

    16   NaN   NaN   NaN
   NaN    10   NaN     8
     9     6   NaN    12
     4    15    14     1
```

第六节 程序流程控制

前面介绍了 MATLab 中数组、矩阵的操作，在有些情形下需要根据当前语句的执行结果来决定后续语句的执行，也就是程序的流程控制。在 MATLab 中的流程控制语句主要有条件控制和循环控制两类。

一、条件控制——if、else、switch

条件语句可用于在运行时选择要执行的代码块。最简单的条件语句为 **if** 语句。**if** 语句的语法结构如下：

```
1  if expression
2      statements
3  else if expression
4      statements
5  else
6      statements
7  end
```

下面构造了一段代码，生成一个随机整数，然后判断该数是否是偶数；如果是偶数，打印消息并将数字除以 2。

```
1  % Generate a random number
2  a = randi(100, 1);
3
4  % If it is even, divide by 2
5  if rem(a, 2) == 0
6      disp('a is even')
7      b = a/2;
8  end
```

函数 `randi(imax,n)` 表示返回 $n \times n$ 的 [1,imax] 之间的均匀伪随机整数矩阵，当 n 取值 1 的返回 1 个标量随机数。

通过使用可选关键字 **elseif** 或 **else**，**if** 语句可以包含备用选项。例如：

```
1  a = randi(100, 1);
2
3  if a < 30
4      disp('small')
5  elseif a < 80
6      disp('medium')
7  else
8      disp('large')
9  end
```

如果希望针对一组已知值测试相等性时，可使用 switch 语句。switch 语句的语法结构如下：

```
1  switch switch_expression
2     case case_expression
3         statements
4     case case_expression
5         statements
6     ...
7     otherwise
8         statements
9  end
```

switch 块在执行的时候,逐个测试 case 直到其中一个 case 表达式为真。otherwise 语句为可选语句，在所有 case 语句都不满足的时候执行。

下面的语句判断当前日期是一周中的哪一天并显示消息：

```
1   [dayNum, dayString] = weekday(date, 'long', 'en_US');
2
3   switch dayString
4       case 'Monday'
5           disp('Start of the work week')
6       case 'Tuesday'
7           disp('Day 2')
8       case 'Wednesday'
9           disp('Day 3')
10      case 'Thursday'
11          disp('Day 4')
12      case 'Friday'
```

```
13          disp('Last day of the work week')
14      otherwise
15          disp('Weekend!')
16  end
```

对于 `if` 和 `switch`，MATLab 执行与第一个 true 条件相对应的代码，然后退出该代码块。每个条件语句都需要 `end` 关键字。

> **注意**
>
> MATLab 中的 switch-case 借鉴了 C/C++ 语言，但也有几处不同：
> （1）某一条 case 语句满足条件获得执行，不像 C/C++ 需要 break 语句就自动跳出；break 只能在 for 或 while 循环中使用。
> （2）C/C++ 中 switch(condition) 中的 condition 只能是整数（或枚举、能转换为整数的 class），MATLab 的 `switch` switch_expression: 中的 switch_expression 可以是数字、字符串或其他支持 eq 函数或 == 运算符的对象。

一般而言，如果有多个可能的离散已知值，`switch` 语句比 `if` 语句的可读性更好。**注意，无法测试 switch 和 case 值之间的不相等性**。例如，无法使用 `switch` 实现以下类型的条件：

```
1  yourNumber = input('Enter a number: ');
2
3  if yourNumber < 0
4      disp('Negative')
5  elseif yourNumber > 0
6      disp('Positive')
7  else
8      disp('Zero')
9  end
```

二、条件语句中的数组比较

了解如何将关系运算符和 `if` 语句用于矩阵非常重要。如果希望检查两个变量之间的相等性，可以使用"=="。例如：

```
1  if A == B, ...
```

这是有效的 MATLab 代码，并且当 A 和 B 为标量时，此代码会如期运行。但是，当 A 和 B 为矩阵时，用 A == B 不会测试二者是否相等，而会测试二者相等的位置；结果会生成另一个由 0 和 1 构成的矩阵，并显示元素与元素的相等性。例如：

```
>> A = magic(4);
>> B = A;
>> B(1,1) = 0;
>> A == B

ans =

     0     1     1     1
     1     1     1     1
     1     1     1     1
     1     1     1     1
```

检查两个变量之间的相等性的正确方法是使用 isequal 函数。例如：

```
if isequal(A, B), ...
```

isequal 返回 1（表示 true）或 0（表示 false）的标量逻辑值，而不会返回矩阵，因此能被用于 if 函数计算表达式。通过使用上面的 **A** 和 **B** 矩阵，可以获得：

```
>> isequal(A,B)

ans =

     0
```

下面给出另一示例来重点介绍这一点。如果 A 和 B 为标量，下面的程序永远不会出现"意外状态"。但是对于大多数矩阵对（包括交换列的幻方矩阵），所有元素均不满足任何矩阵条件 A > B、A < B 或 A == B，因此将执行 else 子句。

```
if A > B
    'greater'
elseif A < B
    'less'
elseif A == B
    'equal'
else
    error('Unexpected situation')
end
```

有几个函数对减少标量条件的矩阵比较结果以便用于 `if` 非常有用，这些函数包括 `isequal`、`isempty`、`all`、`any`。

三、循环控制——for、while、continue、break

一般情况下，程序都是循序执行或者按照条件执行代码，但还有一种场景需要多次执行代码块。这个时候就用上了循环。MATLab 中的循环主要是 `for` 循环和 `while` 循环。

1. for 循环

`for` 循环按预先确定的固定次数重复一组语句，匹配的 `end` 用于界定语句结尾。`for` 循环的结构如下：

```
for index = values
    statements
end
```

下面的例子，展示了在一个循环中计算 3~32 阶魔方矩阵的秩。

```
for n = 3:32
    r(n) = rank(magic(n));
end
r
```

内部语句的终止分号禁止了循环中的重复输出，循环后的 r 显示最终结果。

`for` 语句也可以用于执行针对特定值的循环。例如：

```
for v = [1 5 8 17]
    disp(v)
end
```

上例中用 disp 来显示变量 v 的值，这是另一种显示值的方案，与直接用变量名做语句的方案相比，不会显示"变量名 =(换行)"的前缀。

在编写循环的语句块时，特别是使用嵌套循环时，最好进行缩进处理以便于阅读。例如：

```
for i = 1:m
    for j = 1:n
        H(i,j) = 1/(i+j);
    end
end
```

> **注意**
>
> 在编写多条程序语句时，一般在 MATLab 的编辑器中进行。MATLab 的编辑器提供了自动语句缩进的功能。如果不小心打乱了缩进，可在编辑菜单中**点击智能缩进图标**或者**按下** `ctrl`+`I` **快捷键**对当前文档进行智能缩进。

2. while 循环

`while` 在逻辑条件的控制下将一组语句重复无限次，匹配的 `end` 用于界定语句结尾，循环块的终止通过 expression 的值来控制。例如：

```
1  while expression
2      statements
3  end
```

下面的例程展示了如何使用 `while`、`if`、`else` 和 `end` 来实现区间二分法求多项式 $x^3 - 2x - 5 = 0$ 在区间 [0,3] 的根。

```
1   a = 0; fa = -Inf;
2   b = 3; fb = Inf;
3   while b-a > eps*b
4       x = (a+b)/2;
5       fx = x^3-2*x-5;
6       if sign(fx) == sign(fa)
7           a = x; fa = fx;
8       else
9           b = x; fb = fx;
10      end
11  end
12  x
```

结果得到多项式 $x^3 - 2x - 5$ 的一个根，即：

```
1  x =
2     2.09455148154233
```

可以用 MATLab 的符号计算函数对上述结果进行验证。例如：

```
1  syms x      %声明一个符号变量
2  rslt = solve( x^3 - 2*x - 5==0,x );  %解方程
3  vpa(rslt,7)    %显示小数点后7位精度的符号结果的数值解
```

得到如下计算结果：

```
1  ans =
2
3                      2.0945514815423266
4  - 1.0472757407711633 + 1.1359398890889282i
5  - 1.0472757407711633 - 1.1359398890889282i
```

符号计算得到的实数解与二分法计算得到的结果一致。

在 **if** 语句部分中讨论的与矩阵比较相关的注意事项同样适用于 **while** 语句。

3. continue

continue 语句将控制权传递给它所在的 **for** 循环或 **while** 循环的下一迭代，并跳过循环体中的任何其余语句。此道理同样适用于嵌套循环中的 **continue** 语句。也就是说，执行会从遇到 **continue** 语句的循环开头继续。

下面的示例演示的 magic.m 循环计算文件中的代码行数目的 **continue** 循环，并跳过所有空行和注释。**continue** 语句用于前进到 magic.m 中的下一行，而不会在遇到空行或注释行时增加行计数。

```
1   fid = fopen('magic.m','r');
2   count = 0;
3   while ~feof(fid)
4       line = fgetl(fid);
5       if isempty(line) || strncmp(line,'%',1) || ~ischar(line)
6             continue
7       end
8       count = count + 1;
9   end
10  fprintf('%d lines\n',count);
11  fclose(fid);
```

4. break

break 语句用于提前从 **for** 循环或 **while** 循环中退出。在嵌套循环中，**break** 仅从最里面的循环退出。

下面对前述部分中的示例进行了改进。请思考使用此 **break** 语句的优点是什么？

```
1   a = 0; fa = -Inf;
2   b = 3; fb = Inf;
3   while b-a > eps*b
4       x = (a+b)/2;
5       fx = x^3-2*x-5;
6       if fx == 0
```

```
7           break
8       elseif sign(fx) == sign(fa)
9           a = x; fa = fx;
10      else
11          b = x; fb = fx;
12      end
13  end
14  x
```

四、循环的优化

1. 向量化

前面提到了用循环来进行矩阵、数组的运算，这种方式在数据量比较大（循环次数很大）的时候速度会很慢，提高 MATLab 程序的运行速度的一种方法是向量化构造程序时所使用的算法。其他编程语言可使用 **for** 循环或 **while** 循环，而 MATLab 可使用向量或矩阵运算。下面提供了一个与创建算法表相关的简单示例：

```
1  x = .01;
2  for k = 1:1001
3      y(k) = log10(x);
4      x = x + .01;
5  end
```

相同代码段的向量化版本如下：

```
1  x = .01:.01:10;
2  y = log10(x);
```

对于更复杂的代码，向量化的优势并不总是这么明显。

2. 预分配

如果无法向量化某段代码，可以通过预分配存储输出结果的任何向量或数组来提高 for 循环的运行速度。例如，下面的代码使用函数 **zeros** 来预分配在 **for** 循环中创建的向量，这样可以显著提高 **for** 循环的执行速度。

```
1  r = zeros(32,1);
2  for n = 1:32
3      r(n) = rank(magic(n));
4  end
```

如果未经过上述示例中的预分配，MATLab 解释器会在每次遍历循环时将 **r** 向量增大一个元素，这需要执行耗时的内存分配操作。向量预分配避免了此步骤，从而提高了执行速度。

第七节 脚本和函数

MATLab 提供了一个强大的编程语言和交互式计算环境。可以使用 MATLab 语言在命令行中一次输入一个命令，也可以向某个文件写入一系列命令，按照执行任何 MATLab 函数的相同方式来执行这些命令。使用 MATLab 编辑器或任何其他文件编辑器可以创建自己的函数文件。按照调用任何其他 MATLab 函数或命令的相同方式来调用这些函数。

在 MATLab 中存在两种程序文件，它们拥有相同的文件名后缀 ".m"，在 MATLab 中的作用有细微的区别：

（1）脚本，不接受输入参数或返回输出参数。它们处理工作区中的数据。

（2）函数，可接受输入参数，并返回输出参数。内部变量是函数的局部变量。**文件名必须与函数名相同。**

启动 MATLab 之后，在左侧的文件夹导航栏可以看到当前的工作目录，也可以在命令行用 `pwd` 来查询当前的工作目录。**强烈建议在工作状态设置自己的工作目录，如 e:\matDoc，将自己的 MATLab 工作文档放在特定的文件夹中**，并将该目录添加到 MATLab 搜索路径中。

如果复制多个函数名称，MATLab 会执行在搜索路径中显示的第一个函数。

要查看程序文件（如 myfunction.m）的内容，可在命令行使用 `type myfunction` 查看，或者在"当前文件夹"栏双击要查看的文件图标在编辑器中查看，也可在命令行用 `edit myfunction` 命令在编辑器中打开相应的文档。

一、脚本

当调用脚本时，MATLab 仅执行在文件中找到的命令。脚本可以处理工作区中的现有数据，也可以创建要在其中运行脚本的新数据。尽管脚本不会返回输出参数，其创建的任何变量都会保留在工作区中，以便在后续计算中使用。此外，脚本可以使用 plot 等函数生成图形输出。

例如，创建一个名为 magicrank.m 的文件，该文件包含下列 MATLab 命令：

```
1  % Investigate the rank of magic squares
2  r = zeros(1,32);
3  for n = 3:32
```

```
4      r(n) = rank(magic(n));
5  end
6  bar(r)
```

键入如下语句：

```
1  magicrank
```

使 MATLab 执行命令计算前 30 个幻方矩阵的秩，并绘制结果的条形图（图 2-7）。执行完文件之后，变量 *n* 和 *r* 将保留在工作区中。

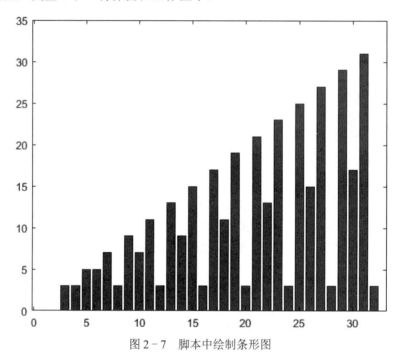

图 2-7　脚本中绘制条形图

二、函数

函数是可接受输入参数并返回输出参数的文件。文件名和函数名称应当相同。函数处理其自己的工作区中的变量，此工作区不同于 MATLab 命令提示符下访问的工作区。

rank 提供了一个很好的示例。文件 rank.m 位于文件夹 toolbox/matlab/matfun，可以使用 **type rank** 命令查看文件。代码 2-1 列出了此文件。

代码 2-1　rank 函数

```
1  function r = rank(A,tol)
2  % RANK Matrix rank.
3  % RANK(A) provides an estimate of the number of linearly
```

```
4   % independent rows or columns of a matrix A.
5   % RANK(A,tol) is the number of singular values of A
6   % that are larger than tol.
7   % RANK(A) uses the default tol=max(size(A))*norm(A)*eps.
8
9   s = svd(A);
10  if nargin==1
11     tol = max(size(A)') * max(s) * eps;
12  end
13  r = sum(s > tol);
```

函数的第一行以**关键字 function** 开头，它提供函数名称和参数顺序。本示例中具有两个输入参数和一个输出参数。

第一个空行或可执行代码行前面的后续几行是提供帮助文本的注释行。当键入 **help rank** 命令时，会输出这些行。帮助文本的第一行是 H1 行，当对文件夹使用 lookfor 命令或请求帮助时，MATLab 会显示此行。

文件的其余部分用于定义函数的可执行 MATLab 代码。函数体中引入的变量 s 以及第一行中的变量（r、A 和 tol）均为函数的局部变量。这些变量不同于 MATLab 工作区中的任何变量。

本示例演示了 MATLab 函数不同于其他编程语言函数的一个方面，即可变数目的参数。可以采用多种不同方法使用 **rank** 函数。

```
1   rank(A)
2   r = rank(A)
3   r = rank(A,1.e-6)
```

许多函数都按此方式运行。如果未提供输出参数，结果会存储在 ans 中；如果未提供第二个输入参数，此函数会运用默认值进行计算。函数体中提供了两个名为 nargin 和 nargout 的**默认参数**（参考代码2-1的第10行），用于告知与函数的每次特定使用相关的输入和输出参数的数目。**rank** 函数使用 nargin，而不需要使用 nargout。

在函数中可使用 **return** 终止当前命令序列，并将控制权返回给调用函数或键盘。此外，**return** 还用于终止 keyboard 模式。被调用的函数通常在到达函数末尾时将控制权转交给调用它的函数。可以在被调用的函数中插入一个 return 语句，以便强制提前终止并将控制权转交给调用函数。

1. 函数类型

MATLab 提供了多种不同函数用于编程，如匿名函数、主函数和局部函数、私有函数、嵌套函数等。

1) 匿名函数

匿名函数是一种简单形式的 MATLab 函数，该函数在一个 MATLab 语句中定义。它包含一个 MATLab 表达式和任意数目的输入、输出参数。可以直接在 MATLab 命令行中定义匿名函数，也可以在函数或脚本中定义匿名函数。这样，可以快速创建简单函数，而不必每次为函数创建文件。MATLab 中的匿名函数和其他高级计算机语言如 C/C++ 中的 lambda 函数类似。

在 MATLab 中根据表达式创建匿名函数的语法为：

```
1  f = @(arglist)expression
```

下面的语句用来创建一个求某个数字的平方的匿名函数。当调用此函数时，MATLab 会将传入的值赋值给变量 x，然后在方程 x.^2 中使用 x。

```
1  sqr = @(x) x.^2;
```

要执行 sqr 函数，键入 a = sqr(5) 即可。

```
1  >> a = sqr(5)
2
3  a =
4
5       25
```

2) 主函数和局部函数

任何非匿名函数必须在文件中定义主函数和局部函数。每个此类函数文件都包含一个必需的主函数（**最先显示**）和任意数目的局部函数（位于主函数后面）。主函数的作用域比局部函数更广。因此，主函数可以从定义这些函数的文件外（如从 MATLab 命令行或从其他文件的函数中）调用，而局部函数则没有此功能。局部函数仅对其自己的文件中的主函数和其他局部函数可见。

函数（代码 2-1）中显示的 rank 函数就是一个主函数的示例。

3) 私有函数

私有函数是一种主函数，其特有的特征是仅对一组有限的其他函数可见。如果希望限制对某个函数的访问，或者选择不公开某个函数的实现时，此种函数非常有用。

私有函数位于带专有名称 private 的子文件夹中。它们是仅可在母文件夹中可见的函数。例如，假定文件夹 newmath 位于 MATLab 搜索路径中。newmath 的名为 private 的子文件夹可包含只能供 newmath 中的函数调用的特定函数。

私有函数在父文件夹外部不可见，因此可以使用与其他文件夹中的函数相同的名称。如果希望创建自己的特定函数版本，并在其他文件夹中保留原始函数，此功能非常有用。由于 MATLab 在标准函数之前会搜索私有函数，所以在查找名为 test.m 的非私有文件之前，它将查找名为 test.m 的私有函数。

4）嵌套函数

嵌套函数可以在函数体中定义其他函数，这些函数称为外部函数中的嵌套函数。嵌套函数包含任何其他函数的任何或所有组成部分。在以下示例中，函数 B 嵌套在函数 A 中。

```
1  function x = A(p1, p2)
2  ...
3  B(p2)
4      function y = B(p3)
5      ...
6      end
7  ...
8  end
```

与其他函数一样，嵌套函数具有其自己的工作区，可用于存储函数所使用的变量。但是，它还可以访问其嵌套在的所有函数的工作区。举例来说，主函数赋值的变量可以由嵌套在主函数中的任意级别的函数读取或覆盖。类似地，嵌套函数中赋值的变量可以由包含该函数的任何函数读取或被覆盖。

> **提示**
>
> 这里和其他地方经常说到的工作区，在 MATLab 中指计算过程中用到的一系列变量。
>
> ----
>
> 本小节所讨论的内容在 C/C++ 中通常表达为局部变量/函数的可见性，也就是局部变量/函数在子函数、文件中的可见性问题。

2. 全局变量

如果想要多个函数共享一个变量副本，只需在所有函数中将此变量声明为 global。如果想要基础工作区访问此变量，可在命令行中执行相同操作。全局声明必须在函数实际使用变量之前进行。全局变量名称使用大写字母有助于将其与其他变量区分开来，但这不是必需的。例如，在名为 falling.m 的文件创建一个新函数：

```
1  function h = falling(t)
2  global GRAVITY
3  h = 1/2*GRAVITY*t.^2;
```

然后，以交互方式输入以下语句：

```
1  global GRAVITY
2  GRAVITY = 32;
3  y = falling((0:.1:5)');
```

通过上述两条全局语句，可以在函数内使用在命令提示符下赋值给 GRAVITY 的值。然后，可以按交互方式修改 GRAVITY 并获取新解，而不必编辑任何文件。

> **提示**
>
> 本小节展示的是 MATLab 中跨文件共享变量的方案。在 C/C++ 中跨文件共享变量，是在一个文件中用 "typename var;" 声明一个全局变量，然后在其他的一个或多个文件中增加 extern 关键字再次声明全局变量 "extern typename var;"。
>
> 全局变量的使用意味着代码的高耦合性：在一个地方修改了某个全局变量，而在其他地方又没有注意到，往往会带来难以发现的错误。在程序设计中要尽可能少地使用全局变量，除非是偶尔的小测试或者的确能够带来代码执行性能的提升。

3. 函数的调用

可以编写接受字符参数的 MATLab 函数，而不必使用括号和引号。也就是说，MATLab 将

```
foo a b c
```

解释为

```
foo('a','b','c')
```

但是，当使用不带引号的命令格式时，MATLab 无法返回输出参数。例如：

```
legend apples oranges
```

使用 apples 和 oranges 作为标签在绘图上创建图例。如果想要 legend 命令返回其输出参数，必须使用带引号的格式。例如：

```
[legh,objh] = legend('apples','oranges');
```

此外，如果其中任一参数不是字符向量，必须使用带引号的格式。

> **注意**
>
> 虽然不带引号的命令语法非常方便，但在某些情况下可能会出现使用不当的情形，而 MATLab 并不会产生错误信息。

带引号的函数格式可用于在代码中构造字符参数。下面的示例处理 August1.dat、August2.dat 等多个数据文件，它使用函数 int2str，该函数将整数转换为字符以便生成文件名。

```
for d = 1:31
s = ['August' int2str(d) '.dat'];
load(s)
% Code to process the contents of the d-th file
end
```

第八节 数据可视化

除了数据计算、仿真，MATLab 还有一个巨大的优势就是能够非常方便地实现计算结果的可视化。多数场景，只需要几条语句就可以得到非常漂亮的结算结果的曲线、曲面或 3D 图像。

一、创建绘图

要绘制曲线图，通常使用 plot 函数。plot 函数的使用具有不同的形式，最简单的情形是提供 1 个或 2 个输入参数：

（1）如果 y 是向量，plot(y) 会生成 y 元素与 y 元素索引的分段线图。

（2）如果有两个向量被指定为参数，plot(x,y) 会生成 y 对 x 的图形。

下面的例子展示了用 plot 绘制正弦曲线。先使用冒号运算符创建从 0 至 2 的 x 值向量，然后计算这些值的正弦，最后绘制成图（图 2-8）。

```
1  x = 0:pi/100:2*pi;
2  y = sin(x);
3  plot(x,y)
```

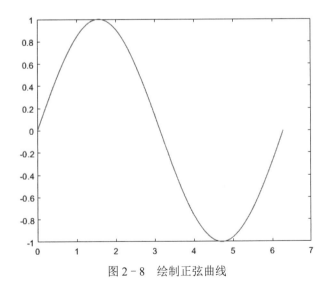

图 2-8 绘制正弦曲线

可以进一步为图 2-8 添加坐标轴标签和标题。xlabel 函数用于设置 x 坐标轴的标签，

其中的字符 \pi 用于创建数学符号 π。title 函数中的 FontSize 属性用于增大标题所用的文本大小（图 2-9）。

```
1  xlabel('x = 0:2\ pi')
2  ylabel('Sine of x')
3  title('Plot of the Sine Function','FontSize',12)
```

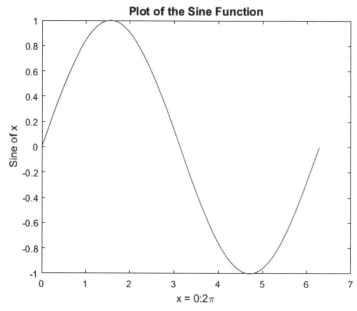

图 2-9　增加了坐标轴标签和标题的正弦曲线图

二、在一幅图形中绘制多个数据集

经常需要在一幅图像中绘制多条曲线以便对计算结果进行对比。通过调用一次 plot，同时输入多个 x-y 对组参数，即可实现单图多曲线的绘制，并且每条曲线使用不同的颜色。MATLab 内部维护了一个曲线绘制的颜色列表，在未指定绘制曲线颜色的情况下调用 plot，会自动为曲线在这个颜色列表中选择颜色。

例如，下列语句绘制 x 的 3 条相位略有区别的正弦曲线（图 2-10）。

```
1  x = 0:pi/100:2*pi;
2  y = sin(x);
3  y2 = sin(x-.25);
4  y3 = sin(x-.5);
5  plot(x,y,x,y2,x,y3)
```

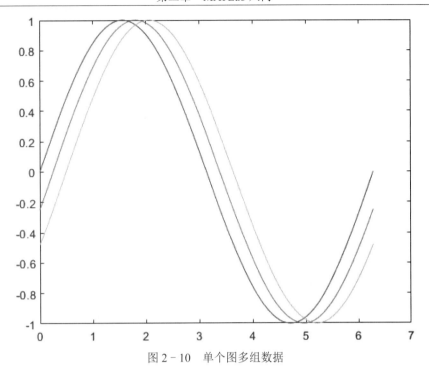

图 2-10 单个图多组数据

图 2-10 中的 3 条曲线分别代表哪一组数据不明确，可以通过 legend 函数为每条曲线提供相应曲线的图例（图 2-11）。

```
1  legend('sin(x)','sin(x-.25)','sin(x-.5)')
```

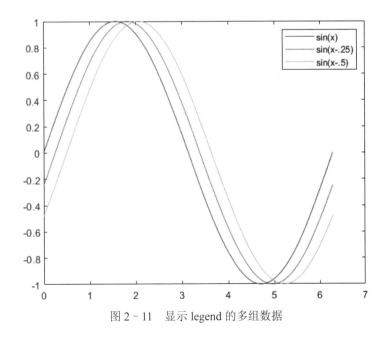

图 2-11 显示 legend 的多组数据

三、指定线型、颜色和标记

使用 plot 命令绘制数据时，可以指定颜色、线型和标记（如加号或圆圈）。

```
1  plot(x,y,'color_style_marker')
```

"color_style_marker"包含 1~4 个字符（包括在单引号中），这些字符根据颜色、线型和标记类型构造而成。例如，`plot(x,y,'r:+')` 使用红色点线绘制数据，并在每个数据点处放置一个"+"标记。

"color_style_marker"由表 2-3 所列颜色、线型和标记类型的组合形式构成。

表 2-3 Line 颜色、线型和标记的类型

类型	值	含义	示例
颜色	'c'	青蓝 cyan	
	'm'	品红 magenta	
	'y'	黄 yellow	
	'r'	红 red	
	'g'	绿 green	
	'b'	蓝 blue	
	'w'	白 white	
	'k'	黑 black	
线型	'-'	实线	———
	'--'	虚线	- - - - -
	':'	点线	·········
	'-.'	点划线	-·-·-·-
	无字符	没有线条	
标记类型	'+'	加号 Plus sign	+
	'o'	空心圆 Circle	○
	'*'	星号 Asterisk	*
	'x'	字母 x Cross	×
	's'	空心正方形 Square	□
	'd'	空心菱形 Diamond	◇
	'^'	空心上三角 Upward-pointing triangle	△
	'v'	空心下三角 Downward-pointing triangle	▽
	'>'	空心右三角 Right-pointing triangle	▷
	'<'	空心左三角 Left-pointing triangle	◁
	'p'	空心五角形 Pentagram	☆
	'h'	空心六角形 Hexagram	✩
	无字符	无标记	

1. 绘制线条和标记

如果指定标记类型,但未指定线型,MATLab 仅使用标记创建图形,而不会创建线条。例如,**plot**(x,y,'ks') 在每个数据点绘制黑色正方形,但不会使用线条连接标记。

语句 **plot**(x,y,'r:+') 绘制红色点线,并在每个数据点处放置加号标记。

2. 在每十个数据点处放置标记

在有些场景,绘制的数据很多,如果每个数据点都显示标记会因为数据点标记的重叠反而分辨不了。下面的示例展示如何使用比绘制线条所用的数据点更少的数据点来绘制标记。它使用点线图和标记图(分别采用不同数目的数据点)绘制两次数据图(图 2-12)。

```
1  x1 = 0:pi/100:2*pi;
2  x2 = 0:pi/10:2*pi;
3  plot(x1,sin(x1),'r:',x2,sin(x2),'r+')
```

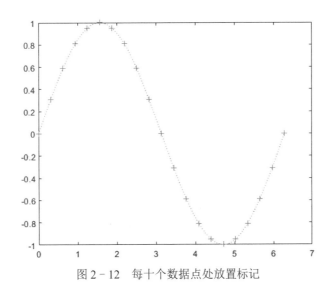

图 2-12 每十个数据点处放置标记

这个示例也展示了如何在一次调用 plot 绘制多条曲线时为每条曲线设置颜色、线型和数据标记,即在每个数据对的后面紧跟 "color_style_marker" 说明。

四、绘制虚数和复数数据

将多个复数值作为参数传递给 plot 时,MATLab 会忽略虚部,但传递一个复数参数时除外。对于这一特殊情况,该命令是绘制虚部对实部的图的一种快捷方式。因此

```
1  plot(Z)
```

其中 Z 是复数向量或矩阵,等效于

```
1  plot(real(Z),imag(Z))
```

下列语句将绘制一个具有 20 条边的多边形,并在各顶点处绘制一个小圆圈的数据标记(图 2-13)。

```
1  t = 0:pi/10:2*pi;
2  plot(exp(1i*t),'-o')
3  axis equal
```

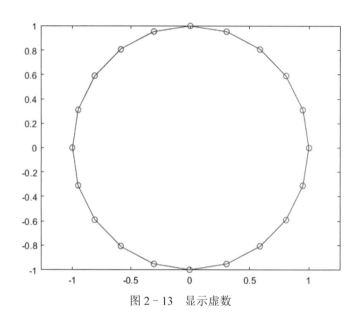

图 2-13 显示虚数

axis equal 命令使 x 和 y 轴上的各刻度线增量的长度相同,这会使此绘图看起来更加圆润。

五、将绘图添加到现有图形中

hold 命令用于将绘图添加到现有图形中。键入 hold on 后,MATLab 不会在执行其他绘图命令时替换现有图形,而是将新 plot 与当前 plot 合并在一起。

例如,下列语句首先创建 peaks 函数的曲面图,然后叠加同一函数的等高线图(图 2-14)。

```
1  [x,y,z] = peaks;
2  % Create surface plot
3  surf(x,y,z)
4  % Remove edge lines a smooth colors
5  shading interp
6  % Hold the current graph
7  hold on
```

```
8   % Add the contour graph to the pcolor graph
9   contour3(x,y,z,20,'k')
10  % Return to default
11  hold off
```

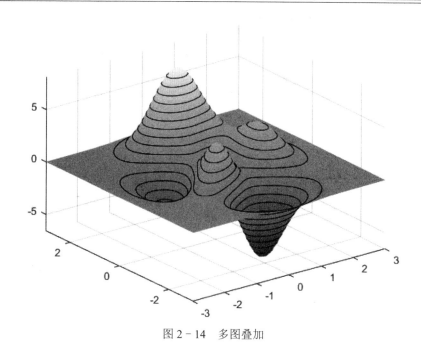

图 2-14 多图叠加

六、图窗窗口

如果尚未创建图窗窗口，绘图函数会自动打开一个新的图窗窗口。如果打开了多个图窗窗口，MATLab 将使用指定为"当前图窗"（通常为上次使用的图窗）的图窗窗口。

要将现有图窗窗口设置为当前的图窗，请将指针放置在该窗口中并点击鼠标，或者键入 **figure**(n)，其中 n 是图窗标题栏中的编号。

要打开新的图窗窗口并将其作为当前图窗，键入 **figure** 即可清除图窗并创建新绘图。

如果某图窗已存在，大多数绘图命令会清除轴并使用此图窗创建新绘图。但是，这些命令不会重置图窗属性，如背景色或颜色图。如果已在以前的绘图中设置图窗属性，可以先使用命令 **clf reset** 然后再创建新绘图，以便将此图窗的属性恢复为其默认值。

七、在一幅图窗中显示多个绘图

subplot 命令用于在同一图形窗口中显示多个绘图，或者在同一张纸上打印这些绘图。键入命令 **subplot**(m,n,p) 会将图窗窗口划分为由多个小子图组成的 m×n 矩阵，并选择第 p 个子图作为当前绘图。这些绘图沿图窗窗口的第一行进行编号，然后沿第二行进行编号，依此类推。例如，下列语句在图窗窗口的 3 个子区域中绘制数据（图 2-15）。

```
1  x = 0:pi/20:2*pi;
2  subplot(3,1,1); plot(sin(x))
3  subplot(3,1,2); plot(cos(x))
4  subplot(3,1,3); plot(sin(x).*cos(x))
```

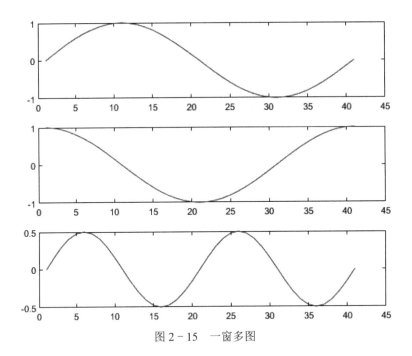

图 2-15　一窗多图

八、设置坐标轴

axis 命令提供了许多用于设置图形的比例、方向和纵横比的选项。

1. 自动改变坐标轴的表示范围和刻度线

默认情况下，MATLab 查找数据的最大值和最小值，并设置坐标轴的范围来适应数据的显示范围。MATLab 还会自动设置坐标轴刻度线值，以便生成可清楚显示数据的图形。如果 MATLab 的自动设置不能很好地满足要求，用户可以使用 axis 或 xlim、ylim 与 zlim 函数来设置坐标轴的范围。

> **注意**
> 更改一个坐标轴的范围会导致其他坐标轴的范围也发生更改，以便更好地表示数据。
> 要禁用坐标轴自动范围设置，输入 axis manual 命令。

2. 设置坐标轴范围

axis 命令可用于指定坐标轴的范围 **axis**([xmin xmax ymin ymax])，或者对于三维图形可使用命令 **axis**([xmin xmax ymin ymax zmin zmax])。如果要启用坐标轴的自动范围选择，使用命令 **axis** auto。

3. 设置坐标轴纵横比

axis 命令还可用于指定多种预定义模式。例如，**axis** square 命令使 x 轴和 y 轴的长度相同，而 **axis** equal 命令会使得 x 轴和 y 轴上的各个刻度线增量的长度相同。这意味着 **plot**(**exp**(1i*(0:**pi**/10:2***pi**)))（后跟 axis square 或 axis equal）会将椭圆形转变为正圆。命令 **axis** auto normal 将轴比例恢复为其默认的自动模式。

4. 设置坐标轴可见性

使用 axis 命令可以显示或隐藏坐标轴。**axis** on 命令显示坐标轴，默认情况坐标是显示的。相应地，**axis** off 命令会隐藏坐标轴。

5. 设置网格线

grid 命令启用和禁用网格线。语句 **grid** on 启用网格线，而 **grid** off 则禁用网格线。

九、添加坐标轴标签和标题

MATLab 支持对 plot 的坐标轴添加标签，也可以对 plot 中的特定点进行标注。这些设置既可以在 figure 窗口中进行交互式的设置，也可以通过命令或者语句实现。代码 2-2 展示如何创建图形并增加如下特性：① 定义 x 和 y 轴的范围（axis）；② 对 x 和 y 轴添加标签（xlabel、ylabel）；③ 添加标题（title）；④ 在图形中添加文本附注（text）。

代码 2-2 第 6 行字符串中的"\"是转义字符，其后紧跟的字符串将使用 LaTeX[①] 表示法生成数学符号（图 2-16）。

代码 2-2　绘制添加了坐标轴标签和标题等的曲线

```
1  t = -pi:pi/100:pi;
2  y = sin(t);
3  plot(t,y)
4
5  axis([-pi pi -1 1])
6  xlabel('-\pi \leq {\itt} \leq \pi')
7  ylabel('sin(t)')
8  title('Graph of the sine function')
```

[①] LaTeX（/'lɑːtɛx/，常被读作 /'lɑːtɛk/ 或 /'leɪtɛk/，写作"LATEX"），是一种基于 TEX 的排版系统，由美国计算机科学家莱斯利·兰伯特在 20 世纪 80 年代初期开发，利用这种格式系统的处理，即使用户没有排版和程序设计的知识也可以充分发挥由 TEX 所提供的强大功能，不必一一亲自去设计或校对，能在几天，甚至几小时内生成很多具有书籍质量的印刷品。对于生成复杂表格和数学公式，这一点表现得尤为突出。因此它非常适用于生成高印刷质量的科技和数学、物理文档。这个系统同样适用于生成从简单的信件到完整书籍的所有其他种类的文档。

```
9  text(0.5,-1/3,'{\it Note the odd symmetry.}')
```

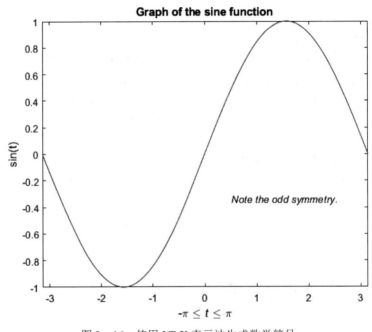

图 2-16　使用 LaTeX 表示法生成数学符号

如果需要知道如何在图形中放置箭头、方框和圆圈等，可参阅 `annotation` 函数。

十、保存图窗

通过从文件菜单中选择"保存"来保存图窗。这会将图窗写入到文件，包括属性数据、图窗菜单、uicontrol 和所有注释（即整个窗口）。如果这个图窗以前未被保存过，"另存为"对话框则会出现。此对话框提供用于将图窗另存为 .fig 文件或将其导出为图形格式的选项。

如果以前保存过这个图窗，再次使用保存会以"静默"方式保存图窗，而"另存为"对话框不会出现。

要使用标准图形格式（如 TIFF 或 JPG）保存图窗以便用于其他应用程序，请从文件菜单中选择"另存为"（如果需要其他控件，则选择导出设置）。

> **注意**
> 当指定保存图窗的格式时，下次保存该图窗或新图窗时，将再次使用该文件格式。如果不希望按以前使用的格式保存，请使用"另存为"，并确保将保存类型下拉菜单设置为要写入的文件类型。

除了前述的 GUI 交互式的图窗保存方法，也可通过语句 `savefig` 或 `saveas` 命令进行图窗保存：

（1）使用 savefig 函数将图窗及其包含的图形对象保存为.fig 文件。
（2）使用包含任意选项的 saveas 命令，以各种格式保存图窗。

如果需要将保存的图形插入 word 文档，建议将图形的格式保存为.emf（Enhanced Metafile）格式，这是 ms word 认可的一种**矢量图**格式。

1. 加载图窗

可以使用以下函数将已经保存的图窗文件加载到 MATLab：

（1）使用 openfig 函数加载保存为.fig 文件的图窗。
（2）使用 imread 函数将标准图形文件读入到 MATLab 中。

2. 生成 MATLab 代码以便再建图窗

通过从图窗文件菜单中选择生成代码，可以生成用于再建图窗及其所包含的图形的 MATLab 代码。如果已使用绘图工具创建图形，并且希望使用相同或不同数据创建类似图形，这个方法可以将交互式的图形配置过程变成 MATLab 语句，方便重复使用。

十一、保存工作区数据

通过从图窗文件菜单中选择将工作区"另存为"，可以保存工作区中的变量。使用图窗文件菜单中的导入数据项可以重新加载保存的数据。MATLab 支持多种数据文件格式，包括 MATLab 数据文件，该数据文件的扩展名为.mat。

第九节　MATLab 应用案例

一、班级学生成绩的统计

在每年的综合评定中，需要通过学生的成绩计算排名情况。本示例研究如何构造学生成绩样本并进行均值、最值以及直方分布等情况的统计。为了方便显示和排版，这里假定班上只有 7 个学生和共 5 个科目需要统计。

第一步，单个科目成绩的构造。通常成绩在某个值附近，但是有一定的变化，这里假定成绩在 80 分附近摆动。可以进行如下设计：

```
1  format bank %  仅显示小数点后2位，打印更紧凑
2  scrVar = 5
3  score = randn(1,7)*scrVar+80
4
5  scrVar =
6
```

```
 7            5.00
 8
 9
10  score =
11
12         82.44    79.11    79.02    87.10    81.46    80.99    87.94
```

上面的例子显示的成绩在 80 分左右摆动,摆动幅度可以通过修改 scrVar 的值来实现。常用的用于实现随机的成绩构造的内置函数有 **rand**() 和 **randn**()。**rand**() 用于产生 0 到 1 之间的均匀分布的随机数,**randn**() 用于生成正态分布的随机数,考虑到成绩的分布特征通常为正态分布,本例程选择了 **randn**()①。

构造 5 个科目的不同的成绩,可以简单地使用下面的方法生成各个科目的成绩然后并联为一个矩阵。

```
 1  >> scrVars = [5 4 7 2 12];
 2  >> scoreA = randn(1,7)*scrVars(1)+80;
 3  >> scoreB = randn(1,7)*scrVars(2)+90;
 4  >> scoreC = randn(1,7)*scrVars(3)+50;
 5  >> scoreD = randn(1,7)*scrVars(4)+70;
 6  >> scoreE = randn(1,7)*scrVars(5)+80;
 7  >> scores = [scoreA;scoreB;scoreC;scoreD;scoreE]
 8
 9  scores =
10
11      75.98    83.48    84.18    78.78    81.08    74.17    74.26
12      90.42    92.89   100.34    87.33    90.75    89.67    82.27
13      46.93    37.44    55.88    43.78    50.70    46.19    52.12
14      68.80    70.98    71.48    73.42    69.61    65.72    68.32
15      96.26    67.13    91.53    81.49    97.24    56.47    77.63
16
17  nbin = 3;
18  histogram(scoreA,nbin)
```

上例中显示的结果每一行为一个科目的成绩,每一列为一个学生的所有科目的成绩,程序中在构造数据集时对不同科目的成绩的摆动幅度和平均值均进行了控制。但是 MATLab 最擅长处理的是矩阵,上面的方法不能最好的发挥 MATLab 的长处。这时就要用到另一个函数——对角矩阵 **diag**(),它可用于将 **ones**() 矩阵的不同列或行设置为不同的值。

---
① 更多关于随机函数使用的介绍,可以通过"doc rand"打开帮助文档,在文档底部的 **More About** 和 **See Also** 部分可以链接到更多的学习材料。

```
>> ones(4,4)*diag([10 13 3 41])

ans =

      10.00          13.00           3.00          41.00
      10.00          13.00           3.00          41.00
      10.00          13.00           3.00          41.00
      10.00          13.00           3.00          41.00


>> diag([10 13 3 41])*ones(4,4)

ans =

      10.00          10.00          10.00          10.00
      13.00          13.00          13.00          13.00
       3.00           3.00           3.00           3.00
      41.00          41.00          41.00          41.00
```

用对角矩阵构造摆幅矩阵和均值矩阵。

```
scores=randn(5,7)
scrVars = diag([5 4 7 2 12])*ones(5,7)
means = diag([80 90 50 70 80])*ones(5,7)

scores =

    1.44   -0.10   -0.03   -0.86    1.53   -1.09    0.09
    0.33   -0.24   -0.16    0.08   -0.77    0.03   -1.49
   -0.75    0.32    0.63   -1.21    0.37    0.55   -0.74
    1.37    0.31    1.09   -1.11   -0.23    1.10   -1.06
   -1.71   -0.86    1.11   -0.01    1.12    1.54    2.35

scrVars =

    5.00    5.00    5.00    5.00    5.00    5.00    5.00
    4.00    4.00    4.00    4.00    4.00    4.00    4.00
    7.00    7.00    7.00    7.00    7.00    7.00    7.00
```

18	2.00	2.00	2.00	2.00	2.00	2.00	2.00
19	12.00	12.00	12.00	12.00	12.00	12.00	12.00
20							
21	means =						
22							
23	80.00	80.00	80.00	80.00	80.00	80.00	80.00
24	90.00	90.00	90.00	90.00	90.00	90.00	90.00
25	50.00	50.00	50.00	50.00	50.00	50.00	50.00
26	70.00	70.00	70.00	70.00	70.00	70.00	70.00
27	80.00	80.00	80.00	80.00	80.00	80.00	80.00

可以用这种矩阵进行转置之后与随机矩阵进行**矩阵点乘**实现摆幅的调整，进行**矩阵加法**实现均值的调整。

代码 2-3　在期望值矩阵上增加随机的抖动

```
1  >> scoresFinal = scores.*scrVars+means
2
3  scoresFinal =
4
5     87.19   79.49   79.85   75.68   87.66   74.55   80.43
6     91.30   89.03   89.34   90.31   86.92   90.13   84.03
7     44.72   52.23   54.39   41.50   52.60   53.87   44.80
8     72.74   70.63   72.19   67.77   69.55   72.20   67.88
9     59.46   69.62   93.31   79.92   93.41   98.53  108.21
```

将前述几个步骤整合起来，得到更简洁的构造随机的成绩表单用于分析处理的测试。

```
1  scrVars = diag([5 4 7 2 12])*ones(5,7)
2  means = diag([80 90 50 70 80])*ones(5,7)
3  scores=randn(5,7).*scrVars+means
```

> **问题**
>
> 科目的成绩通常最高分为100分，在代码2-3的汇总成绩中出现了"108.21"的分数。如何编写代码筛选出不符合实际的成绩，并调整为合乎逻辑的数据？

二、串口采样的 MATLab 读取及数据化显示

在测量仪器或 ADC 采集卡的应用中,可能需要对获得的数据进行采集和分析,或者在数据采集卡的开发过程中,需要对采集卡的性能指标进行评价,这些都需要通过设备或者采集卡上的串口将采集的数据传送到计算机并进行图形化的显示和分析。本小节将展示如何在 MATLab 中实现串口数据的读取和可视化显示。

串口是计算机一种常用的接口,具有连接线少、通信协议简单的优点,使用广泛。常用的串口是 RS-232-C 接口(又称 EIA RS-232-C),它是在 1970 年由美国电子工业协会(EIA)联合贝尔系统、调制解调器厂家及计算机终端生产厂家共同制定的用于串行通讯的标准。它的全名是"数据终端设备(DTE)和数据通信设备(DCE)之间串行二进制数据交换接口技术标准"。该标准规定采用一个 25 个脚的 DB25 连接器,对连接器的每个引脚的信号内容加以规定,还对各种信号的电平加以规定。传输距离在码元畸变小于 4% 的情况下,传输电缆长度应为 50 英尺(1 英尺 =0.3048 米)。

RS232 串口是一种古老的接口,在现代个人计算机上已经很少见了,但是因为它电路简单以及协议简单,在现代计算机系统中常通过虚拟串口(virtual communication port,VCP)以 USB 接口的形式被广泛应用。具体到电路层面,这种方案通常用称为 USB 转 UART 的桥接器芯片来实现,早期的方案主要有 FT232、CP2102 等,通常零售价约 1 美元,后来中国南京沁恒微电子设计生产了性能稳定且零售价仅约 1 元人民币的 CH340 系列芯片,而且在主流的操作系统(WIN10、LINUX)中均预置了相应的驱动,也被大众广泛接受。不少单片机中(如 C8051F320、STM32F103 等)也集成了 USB 接口,单片机的厂商通过提供相应的 USB CDC 类的支持,也实现了 USB 串口。USB 协议本身很复杂,但以 USB 为壳、以 RS232 为芯的串口用起来却很简单,将原始的 RS232 的 DB9 串口或者单片机上的 UART 串口以 VCP 的形式使用时,通常不需要额外编程,或者增加的编程工作量很小,因此应用依然十分广泛。

1. 串口通讯的单片机端程序设计

从串口往 PC 发送数据,通常有二进制数据和 ASC-II 数据两类格式。ASC-II 数据格式可读性好,便于发现问题,本例以 ASC-II 格式发送数据进行演示。设备或者采集卡端可以用 Arduino 或者 8051 单片机开发板等模拟,生成需要传送到 PC 的数据进行测试验证。

假设在应用中需要传递温度、压力、湿度,或者磁场的 x、y、z 分量,每次传递 20 组数据。通信设计首先要确定传送数据的格式。这里设定每组数据的格式为"sn,x,y,z\n",其中:sn 是分组数据的序号,从 0 递增到 19;x、y、z 为每组数据的有效荷载,可能是温度、压力、湿度,也可能是磁场的 3 个分量;每组数据以换行符结束。

这里提供了 Arduino 和 8051 单片机两类开发板的验证代码。Arduino代码 2 – 4适用于几乎所有的 Arduino 开发板,在 stm32duino 开发板(不少 STM32 的开发板除了用 ST 官方提供的开发环境进行开发,也可以使用 Arduino 框架进行开发)上经过了测试;8051 单

片机代码2-5适用于MCS-51的芯片,如AT89、STC89、C8051F等系列的单片机,在C8051F020-edu开发板上经过了测试。

在向串口发送数据时,Arduino代码2-4中用的是编译期间重载的 **print**()函数(第43~49行),运行速度快,占用空间少;8051单片机代码2-5用的是C语言中标准库中的 printf()函数(第59行),该函数可以使用变参列表,实现格式化的数据输出非常方便,但是在运行时进行数据解码,运行速度较慢,编译之后会发现函数 printf()占用程序空间约1KB。

代码2-4 stm32duino的数据发送代码

```
1   //main.cpp
2   //
3
4   //Version    : 1.0
5   //Author     : Yujin Huang
6   //Email      : yujinh@126.com
7   //Location   : Wuhan,Hubei,China
8   //Date       : 2020-5-12
9
10  #include <Arduino.h>
11
12  // 取别名pc,指该串口是用于和PC进行数据交换用的
13  HardwareSerial &pc = Serial1;
14
15  void setup()
16  {
17    // put your setup code here, to run once:
18    pc.begin(115200);
19  }
20
21  int sn = 0;
22
23  //x y z,represent sensor data neede send to PC
24  float x = 0.1;
25  float y = 0.3;
26  float z = 0.4;
27
28  void loop()
29  {
```

```
30      //Modify x y z to simulate varation of x y z
31      x += 0.1;
32      y += 0.2;
33      z += 0.3;
34
35      //increase record sequence number
36      sn++;
37      if (sn == 20)
38        sn = 0;
39
40      pc.print(sn);
41      pc.print(",");
42
43      //send : x,y,z
44      pc.print(x);
45      pc.print(",");
46      pc.print(y);
47      pc.print(",");
48      pc.print(z);
49      pc.print("\n");
50
51      delay(10);
52    }
```

代码 2-5 C51(C8051F020) 的数据发送代码

```
1   //SerialOnly.c
2   //
3
4   //Version   : 1.0
5   //Author    : Yujin Huang
6   //Email     : yujinh@126.com
7   //Location  : Wuhan,Hubei,China
8   //Date      : 2020-5-12
9
10  #include "compiler_defs.h"
11  #include "C8051F020_defs.h"
12
```

```c
13  #include "init.h"
14  #include "stdio.h"
15
16  volatile U32 g_sysTick = 0;
17
18  sbit led = P3^0;
19  int sn = 0;
20  float x = 0.1;
21  float y = 0.3;
22  float z = 0.4;
23
24  // putchar (mini version): outputs charcter only
25  char putchar (char c)
26  {
27      while (!TI0)  ;
28      TI0 = 0;
29      return (SBUF0 = c);
30  }
31
32  void delay_ms(int x)
33  {
34      U32 t1 = g_sysTick+x;
35
36      while( g_sysTick<t1 );
37  }
38
39
40  int main()
41  {
42      // config uart 0 with bps=115200,databits=8
43      Init_Device();
44
45      //提前将 TI0 置 1 , putchar函数的首次运行需要该状态，
46      //    见函数putchar、代码第27行
47      TI0 = 1;
48
49      while(1)
50      {
```

```
51      sn++;
52      if(sn==20)
53      {
54        sn=0;
55      }
56      x += 0.1;
57      y += 0.2;
58      z += 0.3;
59      printf("%d,%f,%f,%f\n",sn,x,y,z);
60      delay_ms(10);
61    }
62    return 0;
63  }
64
65
66  //triggered every millisecond
67  void Isr_Tmr0()      interrupt    INTERRUPT_TIMER0
68  {
69    TL0 = 0x58;
70    TH0 = 0x9E;
71
72    g_sysTick++;
73
74    if(g_sysTick%1000==0)
75    {
76      led = !led;
77    }
78
79  }
```

可以通过串口调试助手观察上述两段代码下载到开发板后的数据输出（图 2-17）。图中显示的数据，如何通过 MATLab 程序从串口获取呢？串口的英语是"serial port"，在命令行中用 doc serial 进行查询，就会得到图 2-18(a) 展示的串口及其在不同操作系统中创建的说明，图 2-18(b) 打开串口和查询、配置串口的参考例程，以及图 2-18(c)串口编程相关的重要函数 fopen、fclose 等的超链接。

通过进一步查询 serial、fclose，结合 MATLab 从 C 语言借鉴良多等特点，很容易想到在 MATLab 中可以使用 fscanf 来读取串口数据。根据这些资料，可以初步构建出串口操作的脚本代码（代码 2-6）。

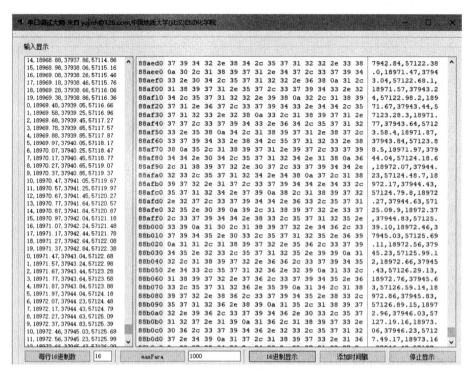

(a) stm32duino 程序输出

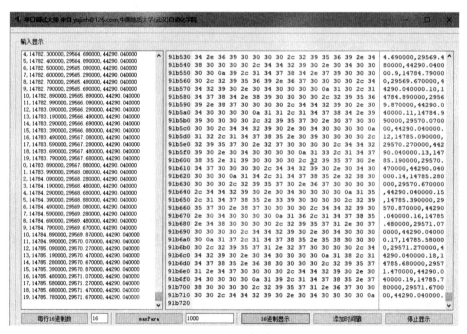

(b) 51 开发板的输出

图 2-17 stm32duino 和 C8051F020 开发板的输出数据在串口助手中的显示

serial

Create serial port object

Syntax

```
obj = serial('port')
obj = serial('port','PropertyName',PropertyValue,...)
```

Description

`obj = serial('port')` creates a serial port object associated with the serial port specified by *port*. If *port* does not exist, or if it is in use, you will not be able to connect the serial port object to the device.

Port object name will depend upon the platform that the serial port is on. The Instrument Control Toolbox™ function `instrhwinfo` ('serial') provides a list of available serial ports. This list is an example of serial constructors on different platforms:

Platform	Serial Port Constructor
Linux® 64	serial('/dev/ttyS0');
Mac OS X 64	serial('/dev/tty.KeySerial1');
Windows® 64	serial('com1');

`obj = serial('port','PropertyName',PropertyValue,...)` creates a serial port object with the specified property names and property values. If an invalid property name or property value is specified, an error is returned and the serial port object is not created.

(a) MATLab 中串口的描述

Examples

This example creates the serial port object s1 associated with the serial port COM1 on a Windows platform.

```
s1 = serial('COM1');
```

The Type, Name, and Port properties are automatically configured.

```
get(s1,{'Type','Name','Port'})
ans =
    'serial'    'Serial-COM1'    'COM1'
```

To specify properties during object creation

```
s2 = serial('COM2','BaudRate',1200,'DataBits',7);
```

(b) MATLab 中串口的编程示例

See Also

fclose | fopen | Name | Port | Status | Type

(c) MATLab 中串口相关参考

图 2-18　MATLab 中串口的帮助文档

代码 2-6　串口数据读取的初步构建

```
1   N = 20
2   x = zeros(N,4);
3
4   s = serial('COM3','BaudRate',115200,'DataBits',8)
5   fopen(s)
6
7   for i=2:N
8     x(i,:) = fscanf(s,'%d,%f,%f,%f\n')
9   end
10
11  fclose(s)
```

如果代码出现错误未能运行 **fclose**(s)，运行脚本就会出现"打开串口错误"。在查询 serial 相关的函数（如 **clear**(serial)）的时候，可以追踪到函数 instrfind 可用于显示所有的工作区中的串口，进一步可以通过用 **fclose** 将 instrfind 搜索到的所有串口关闭。修改后的脚本得到代码 2-7，其中的第 5、6 行表示搜索所有的串口并**强行关闭**。

代码 2-7　增加串口关闭的串口数据读取的脚本

```
1   N = 20
2   x = zeros(N,4);
3
4   %close all serial ports in workspace
5   newobjs = instrfind
6   fclose(newobjs)
7
8   s = serial('COM3','BaudRate',115200,'DataBits',8)
9   fopen(s)
10
11  for i=2:N
12    x(i,:) = fscanf(s,'%d,%f,%f,%f\n')
13  end
14
15  fclose(s)
```

在计算机系统同时使用了多个串口的时候，强行关闭所有串口可能造成"误伤"，一个更优雅的方案是在代码 2-7 的第 8、9 行插入"**fclose**(s)"强制关闭指定的串口（无论这个串口是否已经打开），同时注释掉第 5、6 行。

在当前的代码中还存在一个重要缺陷，即目前接收的 20 条记录不一定是从第 0 条记录开始的。可以通过在代码中添加对读取的数据进行判断，确认搜索到第 0 条记录之后才开始进行保存。另外就是需要添加数据图形化的指令。按照上述两个要求调整之后，得到代码 2-8。

代码 2-8　用 MATLab 进行串口数据采集及显示

```matlab
N = 20
x = zeros(N,4);

s = serial('COM3','BaudRate',115200,'DataBits',8)

fclose(s) % 确保打开串口 s 前，串口 s 已经关闭
fopen(s)

%search record 1(record 0 in C language)
while(1)
  xx = fscanf(s,'%d,%f,%f,%f\n');

  if xx(1)==0
    break;
  end
end


for i=2:N
  x(i,:) = fscanf(s,'%d,%f,%f,%f\n');
end
fclose(s)

clf
hold on
plot( x(:,1),x(:,2),'r+-')
plot( x(:,1),x(:,3),'b*-.')
plot( x(:,1),x(:,4),'go-')
grid on
legend('x','y','z')
```

在生成的 x、y、z 等 3 个变量的记录中，代码 2-4、代码 2-5 中 x、y、z 线性递增，也可以让它们按照正弦波变化（需要增加 math.h 库），通过将 sn 的最大值调整为 199（见代码 2-9），并将代码 2-8 中的 N 调整为 200，采集之后就会得到图 2-19。

代码 2-9　C51(C8051F020) 的正弦数据发送代码

```c
#include <math.h>
int main()
{
  // config uart 0 with bps=115200,databits=8
  Init_Device();

  //set TI0 so the first char can be send,
  //  which is used in function putchar()
  TI0 = 1;

  while(1)
  {
    sn++;
    if(sn==200)
    {
      sn=0;
    }
    x += 0.1;
    y += 0.2;
    z += 0.3;
    printf("%d,%f,%f,%f\n",sn,sin(x),cos(y),sin(z));
    delay_ms(10);
  }
  return 0;
}
```

三、测量程序的运行时间

很多时候需要测试算法运算消耗的时间，要实现这个功能，只需要在所需计时的代码前后分别记下对应的CPU时间，然后计算时间差就可以了。在MATLab中获取CPU时间直接使用 **cputime** 变量就可以了，**cputime** 是CPU开机之后的运行时间（单位：秒）。下面的示例展示了 **cputime** 的使用方法。

```
t = cputime;     % 获取程序运行之前的CPU时间

a = rand(10,10)
```

```
4  for k = 1:100000
5      b = a * a;
6      clear b;
7  end
8
9  e = cputime-t    % 计算程序结束时的CPU时间与起始时间的差
```

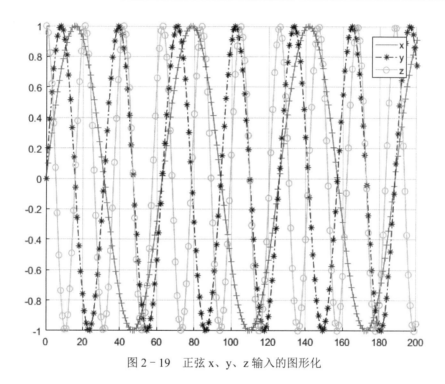

图 2-19 正弦 x、y、z 输入的图形化

也可以用专门的计时器函数 **tic** 和 **toc** 来实现这个功能。下面的例子展示了如何测量生成 2 个很大的随机矩阵并进行矩阵点乘的耗时。

```
1  tic
2  A = rand(12000, 4400);
3  B = rand(12000, 4400);
4  toc
5  C = A'.*B';
6  toc
```

在作者的计算机上，上面的程序运行后显示如下：

```
1  时间已过  0.843058 秒。
2  时间已过  1.592390 秒。
```

四、FIR 滤波器设计

1. FIR 滤波器基本原理

数字滤波器是一种用来过滤时间离散信号的数字系统，通过对抽样数据进行数学处理来达到频域滤波的目的。根据其单位冲激响应函数的时域特性可分为无限冲激响应（Infinite Impulse Response，IIR）滤波器和有限冲激响应（Finite Impulse Response，FIR）滤波器两类。与 IIR 滤波器相比，FIR 的实现是非递归的，总是稳定的，而且 FIR 滤波器在满足幅频响应要求的同时，可以获得严格的线性相位特性。因此，FIR 滤波器在高保真的信号处理，如数字音频、图像处理、数据传输、生物医学等领域得到广泛应用。FIR 滤波器的设计方法有许多种，如窗函数设计法、频率采样设计法和最优化设计法等。其中，窗函数设计法是应用比较广泛的一种方法，它的基本原理是用一定宽度窗函数截取无限脉冲响应序列获得有限长的脉冲响应序列，主要设计步骤如下：

（1）通过傅里叶逆变换得到理想滤波器的单位脉冲响应 $h_d(n)$，

$$h_d(n) = \frac{1}{2\pi}\int_{-\pi}^{\pi} H_d(e^{jn\omega})e^{jn\omega}d\omega$$

其中，$H_d(e^{jn\omega})$ 为理想滤波器的频率响应。

（2）由性能指标确定窗函数 $w(n)$ 和窗口长度 N。

（3）求得实际滤波器的单位脉冲响应 $h(n)$，$h(n) = h_d(n)w(n)$。

针对一个含有 5Hz、15Hz 和 30Hz 的混合正弦波信号，设计一个 FIR 带通滤波器。这里给出利用 MATLab 实现的两种方法：程序设计法和 FDATool 设计法。

滤波器参数：采样频率 fs=100Hz，通带下限截止频率 fc1=10 Hz，通带上限截止频率 fc2=20 Hz，过渡带宽 6 Hz，通阻带波动 0.01，采用凯塞窗设计。

2. 程序设计法

MATLab 信号处理工具箱提供了各种窗函数、滤波器设计函数和滤波器实现函数。本小节的带通滤波器设计及滤波程序如下：

```
1   fc1=10;fc2=20;fs=100;
2   [n,Wn,beta,ftype] =
3      kaiserord([7 13 17 23],[0 1 0],[0.01 0.01 0.01],fs);
4                   %得出滤波器的阶数n=38，beta=3.4
5   w1=2*fc1/fs; w2=2*fc2/fs;  %将模拟滤波器的技术指标转换为
6                               数字滤波器的技术指标
7   window=kaiser(n+1,beta);   %使用kaiser窗函数
8   b=fir1(n,[w1 w2],window);  %使用标准频率响应的
9                               加窗设计函数fir1
10  freqz(b,1,512);            %数字滤波器频率响应
11  t=(0:100)/fs;
```

```
12  s=sin(2*pi*t*5)+sin(2*pi*t*15)+sin(2*pi*t*30);
13                                  %混和正弦波信号
14  sf=filter(b,1,s);               %对信号进行滤波
```

图 2-20 给出了滤波器的幅频响应和相频响应,图 2-21 给出了信号滤波前后的波形。

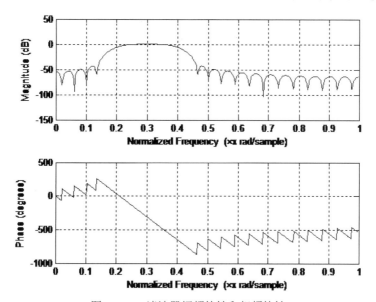

图 2-20 滤波器幅频特性和相频特性

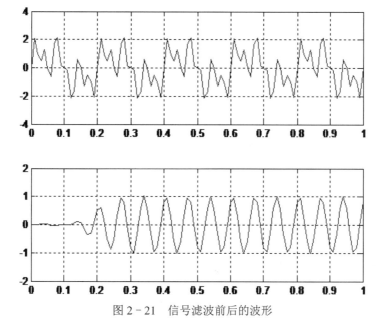

图 2-21 信号滤波前后的波形

3. FDATool 设计法

FDATool(filter design & analysis tool) 是 MATLab 信号处理工具箱专用的滤波器设计分析工具，操作简单、灵活，可以采用多种方法设计 FIR 和 IIR 滤波器。在 MATLab 命令窗口输入 FDATool 后，按回车键就会弹出 FDATool 界面。

根据第二章第一节中的设计结果，滤波器的阶数 n=38，beta=3.4。这里首先在 Filter Type 中选择 Bandpass；在 Design Method 选项中选择 FIR Window，接着在 Window 选项中选取 Kaiser，Beta 值为 3.4；指定 Filter Order 项中的 Specify order 为 38；采样频率 fs=100Hz，截止频率 Fc1=10Hz,Fc2=20Hz。设置完以后点击窗口下方的 Design Filter，在窗口上方就会看到所设计滤波器的幅频响应，通过菜单选项 Analysis 还可以看到滤波器的相频响应、组延迟、脉冲响应、阶跃响应、零极点配置等，设计结果界面如图 2-22 所示。设计完成后，点击 File-Export 可将滤波器系数保存在 b1.mat 文件中。

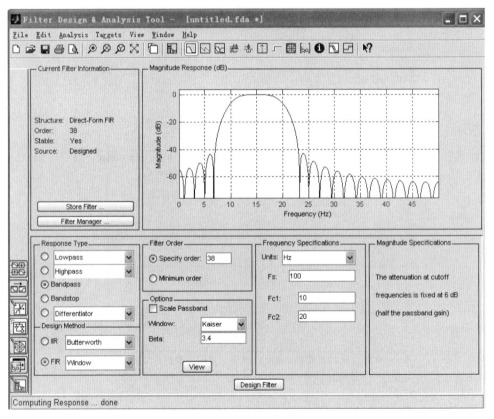

图 2-22 FDAtool 设计界面

五、曲线拟合-最小二乘拟合

曲线拟合（fit theory,curve fitting） 俗称拉曲线，是一种把现有数据透过数学方法来代入一条数式的表示方式。在科学和工程中遇到的问题可以通过诸如采样、实验等方法获得若干离散的数据，根据这些数据，往往希望得到一个连续的函数（也就是曲线）或者更加密集的离散方程与已知数据相吻合，此过程就叫作拟合（fitting）。

通常而言，进行曲线拟合会有回归与插值两个步骤，回归是为了找到与现有数据规律吻合的方程（或参数），插值是用计算得到的数据进行预测。回归的最早形式是最小二乘法，由勒让德（法国）于 1806 年和高斯（德国）于 1809 年分别独立发表。高斯曾将该方法应用于天文观测中计算绕日行星的轨道[①]，并在 1821 年发表了最小二乘理论的进一步发展，包括高斯—马尔可夫定理的一个版本。

"回归"一词最早由法兰西斯·高尔顿（Francis Galton）所使用。他曾对亲子间的身高做研究，发现父母的身高虽然会遗传给子女，但子女的身高却有逐渐"回归到中等（即人的平均值）"的现象。不过当时的回归和现在的回归在意义上已不尽相同。

在 20 世纪 50 至 60 年代，经济学家使用机械电子桌面计算器来计算回归。在 1970 年之前，这种计算方法有时需要长达 24 小时才能得出结果。

利用 MATLab 对离散测量数据进行拟合，以获取数据的特征，是 MATLab 的重要功能之一。本小节以经典拟合方法——最小二乘法为例开展实验，首先介绍最小二乘法的基本方法原理，然后以简单曲线为例介绍了 MATLab 中典型的最小二乘拟合函数工具的使用方法和拟合效果，最后给出实验题目，要求学生拟合正弦波特征的数据。

1. 实验原理

曲线拟合中应用最广泛的方法就是最小二乘法。最小二乘法所指的最佳拟合，即残差（残差指观测值与模型提供的拟合值之间的差距）平方总和的最小化。假定一个数据集包含 n 个点 (x_i, y_i), $i = 1, \cdots, n$，在这里 x_i 是自变量而 y_i 是因变量的观测值。模型方程可表达为 $f(x, \boldsymbol{\beta})$，这里 $\boldsymbol{\beta}$ 代表 m 个可调参数的向量。拟合的目标是找到最适合现有数据的 β 参数向量。观测值与模型值拟合好坏的判断标准是通过残差（r_i）来判定的。

$$r_i = y_i - f(x_i, \boldsymbol{\beta}) \qquad (2-1)$$

最小二乘法则是找到合适的参数向量 $\boldsymbol{\beta}$ 使得残差 r_i 的平方和最小。

$$S = \sum_{n}^{i=1} r_i^2 \qquad (2-2)$$

最小二乘法应用中最简单的模型方程是二维空间的直线，将 $y-x$ 直线的截距记作 β_1、斜率记作 β_2，模型的方程即 $f(x, \beta) = \beta_1 + \beta_2 x$，假定一个实验有 (x,y) 数据的 4 个观测值，分别为 (1,6)、(2,5)、(3,7)、(4,10)，那么现在的问题就是找到合适的 β_1 和 β_2 来逼近下面的

[①] 1801 年，意大利天文学家朱赛普.皮亚齐发现了第一颗小行星谷神星。经过 40 天的跟踪观测后，由于谷神星运行至太阳背后，使得皮亚齐失去了谷神星的位置。随后全世界的科学家利用皮亚齐的观测数据开始寻找谷神星，但是根据大多数人计算的结果来寻找谷神星都没有结果。时年 24 岁的高斯也计算了谷神星的轨道。奥地利天文学家海因里希·奥尔伯斯根据高斯计算出来的轨道重新发现了谷神星。

超定线性系统。

$$\beta_1 + 1\beta_2 + r_1 = 6$$
$$\beta_1 + 2\beta_2 + r_2 = 5$$
$$\beta_1 + 3\beta_2 + r_3 = 7$$
$$\beta_1 + 4\beta_2 + r_4 = 10 \tag{2-3}$$

r_i 代表各个点的残差，从式 (2-3) 可以得到：

$$r_1 = 6 - (\beta_1 + 1\beta_2)$$
$$r_2 = 5 - (\beta_1 + 2\beta_2)$$
$$r_3 = 7 - (\beta_1 + 3\beta_2)$$
$$r_4 = 10 - (\beta_1 + 4\beta_2) \tag{2-4}$$

最小二乘法则是尝试找到 (β_1, β_2) 使得残差的平方和最小，即使方程 $S(\beta_1, \beta_2)$ 的值最小。

$$\begin{aligned}S(\beta_1,\beta_2) &= r_1^2 + r_2^2 + r_3^2 + r_4^2 \\ &= [6-(\beta_1+1\beta_2)]^2 + [5-(\beta_1+2\beta_2)]^2 + [7-(\beta_1+3\beta_2)]^2 + [10-(\beta_1+4\beta_1)]^2 \\ &= 4\beta_1^2 + 30\beta_2^2 + 20\beta_1\beta_2 - 56\beta_1 - 154\beta_2 + 210\end{aligned} \tag{2-5}$$

根据高等数学的理论，$S(\beta_1, \beta_2)$ 的最小值在 $S(\beta_1, \beta_2)$ 对 β_1, β_2 的偏导等于 0 处。

$$\frac{\partial S}{\partial \beta_1} = 0 = 8\beta_1 + 20\beta_2 - 56$$
$$\frac{\partial S}{\partial \beta_2} = 0 = 20\beta_1 + 60\beta_2 - 154 \tag{2-6}$$

求解方程组 (2-6) 得到：

$$\beta_1 = 3.5$$
$$\beta_2 = 1.4 \tag{2-7}$$

进一步得到最佳拟合直线方程 $y = \beta_1 + \beta_2 x = 3.5 + 1.4x$。对应的 4 个点的残差将是 $1.1, -1.3, -0.7, 0.9$，此时残差平方和为：

$$S(3.5, 1.4) = 1.1^2 + (-1.3)^2 + (-0.7)^2 + 0.9^2 = 4.2 \tag{2-8}$$

一般地，对 n 个二维数据点进行线性拟合，将数据拟合的一次线性模型设为：

$$y = \beta_1 + \beta_2 x \tag{2-9}$$

则 n 个观测值的残差平方和为：

$$S(\beta_1,\beta_2) = \sum_{i=1}^{n} (y_i - (\beta_1 + \beta_2 x_i))^2 \quad (2-10)$$

由于最小二乘法拟合过程最小化了残差的平方和，所以通过对 S 每个参数进行微分并利用微分结果为零来确定未知参数 β_1、β_2。计算公式为：

$$\begin{aligned}\frac{\partial S}{\partial \beta_1} &= -2\sum [y_i - (\beta_1 + \beta_2 x_i)] = 0 \\ \frac{\partial S}{\partial \beta_2} &= -2\sum x_i[y_i - (\beta_1 + \beta_2 x_i)] = 0\end{aligned} \quad (2-11)$$

式 (2-11) 中 x_i、y_i 是观测值，β_1、β_2 是 2 个未知数，展开得到方程组：

$$\begin{aligned}n\beta_1 + \beta_2 \sum x_i &= \sum y_i \\ \beta_1 \sum x_i + \beta_2 \sum x_i^2 &= \sum x_i y_i\end{aligned} \quad (2-12)$$

解二元一次方程组得到：

$$\begin{aligned}\beta_1 &= \frac{\sum x_i^2 \sum y_i - \sum x_i y_i \sum x_i}{n \sum x_i^2 - (\sum x_i)^2} = \frac{1}{n}\left(\sum y_i - \beta_2 \sum x_i\right) \\ \beta_2 &= \frac{n \sum x_i y_i - \sum x_i \sum y_i}{n \sum x_i^2 - (\sum x_i)^2}\end{aligned} \quad (2-13)$$

对于超定方程 $\sum_{j=1}^{n} X_{ij}\beta_{ij} = y_i, (i = 1, 2, 3, \ldots, m)$，其中 m 为等式个数，n 为未知数的个数，且满足 $m > n$，其矩阵表达式为：

$$\mathbf{X}\boldsymbol{\beta} = \boldsymbol{y} \quad (2-14)$$

式中，

$$\mathbf{X} = \begin{bmatrix} X_{11} & X_{12} & \ldots & X_{1n} \\ X_{21} & X_{22} & \ldots & X_{2n} \\ \vdots & \vdots & \ldots & \vdots \\ X_{m1} & X_{m2} & \ldots & X_{mn} \end{bmatrix}, \boldsymbol{\beta} = \begin{bmatrix} \beta_1 \\ \beta_2 \\ \vdots \\ \beta_n \end{bmatrix}, \boldsymbol{y} = \begin{bmatrix} y_1 \\ y_2 \\ \vdots \\ y_m \end{bmatrix} \quad (2-15)$$

利用常规方法无法求解得未知数的具体值。因此，为了得到最合适的值，引入残差平方和函数 S。

$$S(\boldsymbol{\beta}) = \|\mathbf{X}\boldsymbol{\beta} - \boldsymbol{y}\|^2 \quad (2-16)$$

当 $\boldsymbol{\beta} = \hat{\boldsymbol{\beta}}$ 时，$S(\boldsymbol{\beta})$ 取得最小值，可表示为：

$$\hat{\boldsymbol{\beta}} = \operatorname{argmin}(S(\boldsymbol{\beta})) \quad (2-17)$$

通过对 $S(\boldsymbol{\beta})$ 进行微分最值计算，可得：

$$\mathbf{X}^{\mathrm{T}}\mathbf{X}\hat{\boldsymbol{\beta}} = \mathbf{X}^{\mathrm{T}}y \qquad (2-18)$$

如果矩阵 $\mathbf{X}^{\mathrm{T}}\mathbf{X}$ 非奇异，则 $\boldsymbol{\beta}$ 有唯一解，计算方法为

$$\hat{\boldsymbol{\beta}} = (\mathbf{X}^{\mathrm{T}}\mathbf{X})^{-1}\mathbf{X}^{\mathrm{T}}y \qquad (2-19)$$

最小二乘法又可分为线性最小二乘法、加权线性最小二乘法、稳健最小二乘法及非线性最小二乘法。线性最小二乘法是最简单的，拟合所得的是直线方程。下面介绍线性最小二乘法拟合的过程。

2. 实验验证

这里用前文构造的 4 个观测值 (1,6)、(2,5)、(3,7)、(4,10) 在二维空间的直线拟合来验证，并展示在 MATLab 进行曲线拟合验证的步骤。

根据前面的介绍，最小二乘法拟合大致可分为两个步骤：

（1）确定目标拟合曲线类型，并给出目标曲线表达式。

（2）利用残差平方和函数 S 值最小条件求解目标曲线的未知参量。

结合此案例，应用线性最小二乘法进行拟合。

实验选择了二维空间的直线方程作为数据模型，因此可以直接借用公式 $y = \beta_1 + \beta_2 x$ 来描述这个模型，对应的 (β_1, β_2) 的计算也就可以直接使用式 (2-13)的结论。

```
1  hold off              % 用于在测试状态清空现有 figure 内容
2  x = [1 2 3 4]
3  y = [6 5 7 10]
4  n = length(x)         % 获取数组的长度
5
6  % 准备式 (2-13)的各个分量
7  exx = sum(x.*x)       % 计算 ∑x_i^2
8  ey  = sum(y)          % 计算 ∑y_i
9  exy = sum(x.*y)       % 计算 ∑x_i y_i
10 ex  = sum(x)          % 计算 ∑x_i
11
12 % 根据式 (2-13) 计算 β_2、β_1
13 b2 = (n*exy-ex*ey)/(n*exx-ex*ex)
14 b1 = (ey-b2*ex)/n
15
16 % 计算拟合曲线的数据
17 x_ = linspace(x(1)-1,x(n)+1,10*n)
18    %准备自变量, 范围拓展 ±1 并 10 倍插值
19 y_ = b1+b2*x_
```

```
20
21  plot(x,y,'*r')
22  hold on
23  plot(x_,y_,'-b')
24  grid on
25
26  xlabel('x')
27  ylabel('y')
28
29  text(0+0.2,b1,strcat('直线截距 \beta1=',num2str(b1)))
30  text(3,b1+3*b2-0.2,strcat('直线斜率 \beta2=',num2str(b2)))
31
32  % 计算 S = ∑[f(xᵢ) - yᵢ]²
33  f_x = b1+b2*x      % 计算 f(x) = β₁ + β₂x
34  S = sum( ( f_x - y ).^2 )
```

数值计算的 β_2、β_1 和 S 均与推算相符，观测值和拟合曲线如图 2-23 所示，也符合预期。

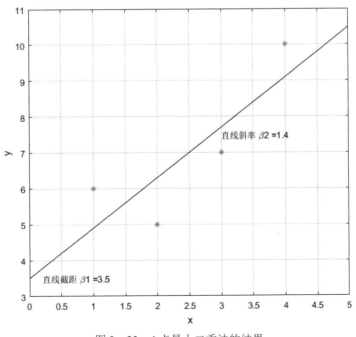

图 2-23 4 点最小二乘法的结果

除了上述的方法之外，MATLab 针对数据拟合还准备了专门的工具 Curve Fitting Tool，可进行交互式修改数据的模型并计算参数。对示例中的数据采用曲线拟合工具进行设计

（图 2 - 24），只需要选择拟合的数据源（示例中 X data 设为 x、Y Data 设为 y）和模型（示例选择 Polynomial 和 Degree 1）即可，通过工具箱计算得到的 p1、p2 与 β_2、β_1 相符合，SSE 与 S 相符。

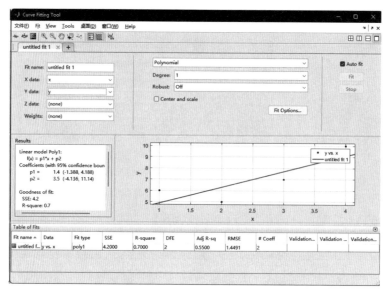

图 2 - 24　在曲线拟合工具箱中对示例数据进行拟合

支持曲线拟合工具的后台函数是 MATLab 内置的一系列函数。上述 4 点观测值的直线拟合可以用脚本（代码 2 - 10）来实现，该脚本的输出（代码 2 - 11）也和其他 3 个方案的结果一致。

代码 2 - 10　直线拟合代码片段

```
1  x = [1 2 3 4]
2  y = [6 5 7 10]
3
4  fit(x',y','poly1')
```

代码 2 - 11　直线拟合代码输出

```
1  ans =
2
3       Linear model Poly1:
4       ans(x) = p1*x + p2
5       Coefficients (with 95% confidence bounds):
6         p1 =         1.4  (-1.388, 4.188)
7         p2 =         3.5  (-4.136, 11.14)
```

六、图像处理

MATLab 提供了强大的图像数据处理工具。此例以图像的预处理为例开展实验,首先介绍图像预处理的基本流程和相应的原理,然后以人脸图像为例介绍了 MATLab 中典型的灰度化、几何变换、图像增强函数工具的使用方法和拟合效果。

图像是对人类感知外界信息能力的一种增强形式,是自然界景物的客观反映。MATLab 图像处理工具箱集成了很多图像处理的算法,为我们提供了很多便利,利用强大的 MATLab 图像处理工具箱可以实现很多功能。MATLab 中可处理的图像类型包括索引图像、灰度图像、二值图像、RGB 图像,且支持处理 JPEG、BMP、HDF、PCX、TIFF、XWD 这多种图像文件格式。

图像处理技术包括图像的基本运算和图像的变换、图像的压缩编码、图像的增强、图像的复原,比较高级的图像处理技术包括图像的分割与区域处理、图像的数学形态。其中图像的复原包括图像的退化与图像的恢复。本小节通过图像复原经典案例来介绍 MATLab 在图像处理中的操作。首先介绍图像退化与图像复原的基本原理,然后用实验代码和图片做案例介绍。

1. 基本原理

要进行图像恢复,必须弄清楚退化现象的有关知识原理,这就要了解、分析图像退化的机理,建立退化图像的数学模型。在一个图像系统中存在着许多退化源,其机理比较复杂,因此要提供一个完善的数学模型是比较复杂和困难的。在实际应用中,通常将退化原因作为线性系统退化的一个因素来对待,从而建立系统退化模型来近似描述图像的退化函数。

设原图像为 $f(x,y)$,一个系统为 H,加入外来加性噪声为 $m(x,y)$,退化成图像 $g(x,y)$,如图 2-25 所示。对于线性系统,图 2-25 的模型可以表示为:

$$g(x,y) = H[f(x,y)] + n(x,y) \qquad (2-20)$$

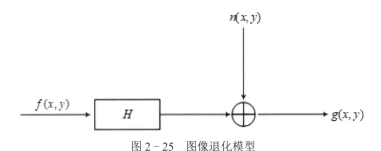

图 2-25 图像退化模型

考虑到退化模型中的 H 是线性空间不变系统,因此,根据线性系统理论,系统 H 的性能可以由其单位冲击响应 $h(x,y)$ 来表征,因此上述线性退化模型可以表示为 $g(x,y) = f(x,y) * h(x,y) + n(x,y)$。

由傅里叶变换的卷积定理可知,上述公式可表示为:

$$G(u,v) = H(u,v)F(u,v) \qquad (2-21)$$

式(2-21)中,$G(u,v)$、$H(u,v)$、$F(u,v)$ 分别是退化图像 $g(x,y)$、点扩散函数 $h(x,y)$、原始图像 $f(x,y)$ 的傅里叶变换。由此可见,如果已知退化图像的傅里叶变换和系统冲激响应函数(滤波传递函数),则可以求得原图像的傅里叶变换,经傅里叶反变换就可以求得原始图像 $f(x,y)$,其中 $G(u,v)$ 除以 $H(u,v)$ 起到了反向滤波的作用。这就是图像逆滤波复原的基本原理。

$$f(x,y) = F^{-1}[F(u,v)] = F^{-1}\left[\frac{G(u,v)}{H(u,v)}\right] \qquad (2-22)$$

2. 图像的退化与复原

MATLab 提供了各种图像的基本操作函数和图像复原技术函数。MATLab 利用 imfilter 函数生成模拟由于相机运动或对焦不足的点扩散函数,程序中用 PSF 代表。由于随机干扰,图像也可能会产生噪点。

对图像进行退化处理前后的图像见图 2-26,退化模糊设计的参考例程见代码 2-12。

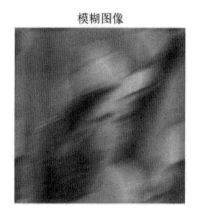

图 2-26　退化处理前后图像

代码 2-12　图像退化模糊

```
1  I = imread('lenna.jpg');    %读取图像
2  subplot(1,2,1);
3  imshow(I);
4  title('原始图像');
5  LEN = 51;
6  THETA = 21;
7  PSF = fspecial('motion',LEN,THETA);   %对图像进行退化处理
8  Blurred = imfilter(I,PSF,'circular','conv');
9  subplot(1,2,2);
```

```
10  imshow(Blurred);
11  title('模糊图像');
```

摄像机与物体的相对运动,以及系统误差、畸变、噪声等因素的影响,使图像是真实景物的完善映像。在图像恢复中,需建立造成图像质量下降的退化模型,用相反过程来恢复原来图像。图像恢复的方法主要有逆滤波复原、维纳滤波复原、约束最小二乘方滤波复原、Lucy-Richardson 滤波复原等。

对图像进行复原处理前后的图像见图 2-27,进行复原处理的参考例程见代码 2-13,。

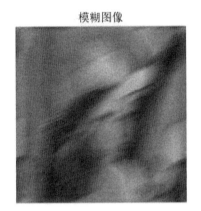 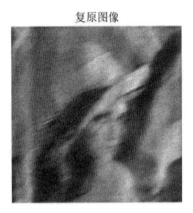

图 2-27 复原处理前后图像

代码 2-13 图像复原

```
1   I = imread('lenna.jpg');   %读取图像
2   V=.003;
3   LEN = 51;
4   THETA = 21;
5   PSF = fspecial('motion',LEN,THETA);    %对图像进行退化处理
6   Blurred = imfilter(I,PSF,'circular','conv');
7   BN = imnoise(Blurred,'gaussian',0,V);
8   luc = deconvlucy(BN,PSF,8);
9
10  subplot(1,2,1);
11  imshow(BN);
12  title('模糊图像');
13
14  subplot(1,2,2);
15  imshow(luc);
16  title('复原图像');
```

习　题

1. 执行下列指令，观察其运行结果，理解其意义。
   (1) `[1 2; 3 4]+10-2i`。
   (2) `[1 2; 3 4].*[0.1 0.2; 0.3 0.4]`。
   (3) `log([1 10 20 100])`。
   (4) `exp([1 2;3 4])`。
   (5) `[a,b]=min([5 2;3 4])`。
   (6) `all([1 2; 3 4]>2)`。
   (7) `any([1 2; 3 4]>2)`。
   (8) `linspace(0,2*pi,10)`。
2. 已知方程 $x^3+4x=100$ 在 (0,100) 之间有一个实数根，请用二分法求解这个根。
3. 用 `z=magic(7)` 得到一个 7 阶魔方矩阵，并进行下面的计算。
   (1) 计算 z 的各列之和。
   (2) 计算 z 的各行之和。
   (3) 计算 z 的对角线元素之和。
   (4) 计算 z 的秩。
   (5) 将 z 的第 3 行进行平方。
   (6) 查找 z 各行的最大值以及索引。
4. 测试 MATLab 中 fft 函数的使用，包括生成测试数据、文件 IO、数据可视化、图像标注等。
   (1) 生成一个幅度 1V、频率 200Hz、直流偏移 0.2V 的正弦系列，并添加幅度 0.3V 的白噪声。
   (2) 将数据显示到子图 1。
   (3) 将数据保存到一个 excel 表格文件中。
   (4) 将存放到 excel 表格文件的数据读取，并显示到子图 2。
   (5) *对白噪声信号进行快速傅里叶变换（FFT），并显示其幅度谱和功率谱。
   (6) 对波列进行快速傅里叶变换，并显示频域结果到子图 3。
   (7) 用程序在子图 3 上标记主频位置。

   > **提示**
   > (1) 对幅度、频率、噪声大小、采样率等进行参数化的设计，便于快速调参并验证效果。

> （2） 保存文件的路径建议使用绝对路径。
>
> （3） 本实验用到的函数包括 rand、text、FFT、csvread/csvwrite、subplot 等。

5. 尝试图像的退化模糊处理以及滤波复原。可自行在网络查找下载图片。按下面的步骤进行。

   （1） 从本地文件读取目标图片。

   （2） 对图片退化模糊处理并保存图片到文件（模糊处理方法要求与示例不一致）。

   （3） 两种滤波复原方法的比较（剩下 4 种任选 2 种）。

   （4） 处理完的图片保存到文件。

第三章 Keil C51 和 μV 开发与调试

MCS-51 单片机[①]是目前还在广泛使用的单片机家族。基础类型的 MCS-51 单片机结构简单、寄存器数量少，使用起来方便，非常适合入门学习和教学。国内流行的 MCS-51 单片机集成开发环境为 Keil μV，它支持的主流 MCS-51 单片机开发语言是 Cx51（简称 C51）。该语言在 ANSI C 的基础上针对 MCS-51 单片机的特性进行了语法拓展和性能优化。Keil μV 集成的调试器和仿真器也非常适合学习 MCS-51 单片机的工作原理以及进行单片机的开发与调试。

学习目标

- 了解 MCS-51 单片机的开发工具
- 掌握 C51 对标准 C 进行的语法扩展
- 通过仿真加深对 MCS-51 单片机的原理和外设的工作机制的理解
- 掌握 Keil μV 中常用的程序调试技术

第一节 单片机开发环境介绍

目前单片机的种类很多，市场上的主流产品有 Texas Instruments（美国）的 16 位或 32 位的 MSP430 系列，Microchip 的 PIC12、PIC16、PIC18 和 PIC24 等系列，Silicon Labs 的 C8051 系列，瑞萨（Renesas Technology Corp）的 M16C、R8C、R32C、SuperH 和 H8 等系列，STMicroelectronics 的 STM8、STM32 及 uPSD3200 等系列，Zilog 的 Z80 系列，Freescale Semiconductor Company 的 680、68HC series、Coldfire、PowerPC、MCore 和 DSP56800 等系列，以及各家公司采用 ARM 的内核定制的自家个性化产品。ARM 作为一家全球领先的 IP 公司，专门提供 ARM 单片机内核的 IP，全球多家公司研发了基于 ARM 内核的单片机。

[①] MCS-51 是指由美国 INTEL 公司生产的一系列单片机的总称，这一系列单片机包括了好些品种，如 8031、8051、8751、8032、8052、8752 等。其中 8051 是最早、最典型的产品，该系列其他单片机都是在 8051 的基础上进行功能的增、减、改变而来的，所以人们习惯于用 8051 或 51 来称呼 MCS-51 系列单片机。

基于 MCS-51 和 ARM 内核的单片机有多家半导体商家生产，为这两类产品提供编译器套件的主要有 Keil μVision（简称 Keil μV）和 IAR Embedded Workbench（简称 IAR）两款产品。这两款产品为多数主流 8051 单片机提供包含编辑器、编译器、链接器以及调试器在内的集成的图形化开发环境（integrated development environment，IDE）。

一、Keil μV

国内生产 MCS-51 内核的单片机的厂家有很多，比较知名的有宏晶 STC、台湾新唐、南京沁恒（WCH）、深圳赛元微电子、上海芯圣电子等。这些芯片厂家对其 8051 产品的推荐开发环境一般是 Keil μV。

Keil μV 是收费软件，但也提供了入门版或评估版，只是对没有购买授权的用户通常有代码长度限制或者功能限制。对评估版用户，Keil C51 编译器和调试器都限制目标代码长度 2KB 并且不支持浮点数运算和用户库，也不支持 RTX。有半导体厂商为自己的产品从这两家公司购买了授权，如 Silicon Labs 为自己的 C8051 系列单片机从 Keil 购买了 C51 开发的授权，这样用户开发就不用额外花钱了。

因为 Keil μV 有很高的集成度，安装和使用也相对简单，在国内有较高的市场占有率，Keil μV 的免费评估版也能很好地展示 MCS-51 单片机的内在特性并进行基础性的编程、调试，在本书中选用了 Keil μV 作为 8051 单片机 C 语言教学和实践的目标平台。

二、C++ 对 MCS-51 开发的支持

MCS-51 单片机的编译套件一般是面向 C 语言的。因为 C++ 的继承、封装特性可以更好地支持结构化的单片机开发，提高开发效率，IAR 和 CeiBo（可集成于 Keil μV，免费版支持 8KB 代码）两家公司提供了支持 C++ 编程的 8051 编译器，但是会略微提高存储空间需求（多占用 12% 的存储空间）。

三、C51 的免费开源替代品

Keil 和 IAR 的 IDE 对 MCS-51 的支持很好，但是正版软件的授权价格不菲。GCC 提供的 ARM Cortex 系列芯片的免费编译器被很多大公司采用，但支持 MCS-51 的开源或免费产品不多，目前还在维护并被广泛使用的仅有 SDCC（Small Device C Compiler）。

SDCC 是一款由 Sandeep Dutta 发起，而后由社区开发和管理的**免费且开源**的标准 C 语言（ANSI C89、ISO C99、ISO C11）编译套件，它针对单片机进行了优化，不仅提供了对 Intel MCS51 系列单片机（8031、8032、8051、8052 等）的支持，同样支持 Maxim（原 Dallas）DS80C390 系列，Freescale（原 Motorola）的 HC08 系列（hc08、s08），Zilog 的 Z80 系列（z80、z180、gbz80、Rabbit 2000/3000、Rabbit 3000A、TLCS-90），Padauk（pdk14、pdk15），

以及 STMicroelectronics 的 STM8 系列。Silicon Labs 为自己的 C8051F 系列的高性能混合信号 8051 SoC 单片机提供的 IDE 就默认使用 SDCC 编译套件。

SDCC 编译套件自身不包含 GUI 界面，集成了 SDCC 的免费 IDE 有 Eclipse（借助插件）、Code::Blocks 和 PlatformIO 等。PlatformIO 是目前最受欢迎的专业级嵌入式开发平台，支持 47 种单片机家族（如 atmelavr、ESP32、ESP8266、STM32、sifive、Raspberry Pi）、27 个软件框架（如 Arduino、mbed、ESP-IDF、Zephyr、FreeRTOS、STM32Cube 等）共 1000 多类开发板的开发，是一个用于物联网开发的开源生态系统，提供跨平台的开发环境和统一的调试器，还支持远程单元测试和固件更新。PlatformIO 使用 SDCC 进行 MCS-51 单片机的开发，可以配合 Visual Code 或 CLion 开发环境。CLion 为收费软件，而 Visual Code 是微软出品的开源、免费的代码编写环境，在 IT 界非常受欢迎。

相比 Keil μV，PlatformIO+Visual Code 提供了更好的编程和交互体验，目前它对 STC（宏晶）的 STC89 系列和 Nuvoton（台湾新唐）的 N79 系列的 MCS-51 单片机开发提供了直接的支持。因为 MCS-51 系列的开放架构，为这两类 MCS-51 单片机编写的程序也可以直接用于其他的 MCS-51 单片机。PlatformIO 也支持单片机类别的定制配置。

第二节　C 语言发展历史及其在编程语言中的地位

一、发展历史

C 语言是在 Unix 的研制者丹尼斯·里奇（Dennis Ritchie）和肯·汤普逊（Ken Thompson）于 1970 年研制出的 B 语言的基础上发展和完善起来的。C 语言的第一次发展在 1969 年到 1973 年之间。早期操作系统的核心大多由汇编语言组成，随着 C 语言的发展，C 语言已经可以用来编写操作系统的核心。1973 年，Unix 操作系统的核心正式用 C 语言改写，这是 C 语言第一次应用在操作系统的核心编写上。目前，C 语言编译器普遍存在于各种不同的操作系统中，如 Unix、MS-DOS、Microsoft Windows 及 Linux 等。C 语言的设计影响了许多后来的编程语言，如 C++、Objective-C、Java、C# 等。

1978 年，丹尼斯·里奇（Dennis Ritchie）和 Brian Kernighan 合作出版了《C 程序设计语言》的第一版。书中介绍的 C 语言标准也被 C 语言程序员称作"K&R C"，该书的第二版包含了一些 ANSI C 的标准。

1989 年，C 语言被 ANSI 标准化（ANSI X3.159-1989），标准化的一个目的是扩展 K&R C，这个标准包括了一些新特性。在 K&R 出版后，一些新特性被"非官方"地加到 C 语言中。在 ANSI 标准化自己的过程中，一些新的特性被加了进去。ANSI 也规定了一套标准函数库。ANSI ISO（国际标准化组织）成立 ISO/IEC JTC1/SC22/WG14 工作组，来规定国际标准的 C 语言。通过对 ANSI 标准的少量修改，最终通过了 ISO 9899:1990。随后，ISO 标准被 ANSI 采纳。

在 ANSI 的标准确立后，C 语言的规范在一段时间内没有大的变动，然而 C++ 却在标准化创建过程中继续发展壮大。《标准修正案一》在 1995 年为 C 语言创建了一个新标准，但是只修正了一些 C89 标准中的细节和增加更多更广的国际字符集支持。不过，这个标准导致 1999 年 ISO 9899:1999 的发表，通常被称为 C99。C99 被 ANSI 于 2000 年 3 月采用。从 2007 年起，ISO 启动了代号"C1X"标准化工作，后于 2011 年 12 月正式发布，命名为"C11"；2018 年 6 月发布了"C17"的标准，现在正在进行的"C2x"规范预期 2023 年发布。

二、C 在编程语言中的地位

评估哪一种编程语言应用最广泛是一件很不容易的事，各类语言的应用需求也与实际需求紧密相关。完成同一项任务，一种语言可能需要写更多的代码，另一种可能要消耗更多的 CPU 时间。目前，各类编程语言的地位（Ratings，评级）一般通过 TIOBE 编程语言排名指数（the TIOBE programming community index）来获得。TIOBE 编程语言排名指数显示了各种编程语言的受欢迎程度（热度），该排名每月更新一次，依据的指数由基于世界范围内的资深软件工程师和第三方供应商提供，其结果作为当前业内程序开发语言的流行程度的有效指标。各大搜索引擎，如 Google、Baidu、Wikipedia、Amazon、QQ 等搜索数据被用于计算该指数。

该指数可以用来检阅开发者的编程技能能否跟上趋势，或是否有必要作出战略改变，以及什么编程语言是应该及时掌握的。观察认为，该指数反映的虽并非当前最流行或应用最广的语言，但对世界范围内开发语言的走势仍具有重要参考意义。

排在 TIOBE 指数最前面的编程语言并不表明就是最好的编程语言，也不代表是代码写得最多的语言。TIOBE 指数可以用来查证哪些语言是比较流行的，以此可以决定采用哪种编程语言进行开发。表 3-1 是 2022 年 9 月发布的 TIOBE 指数排在前 20 位的编程语言的评级及其同比。

从当前热度位列前 10 的编程语言的近 20 年发展趋势 (图 3-1) 中可以看到，虽然编程语言已经产生了很多变化，C 语言一直排在前 2 位，C++ 也是 2019 年才被 Python 挤出前 3 位。在嵌入式和单片机的开发中，虽然最近有一些平台提供了 Python 开发的支持，但总体上 C 语言还是拥有最多的用户群体。

第三节　Cx51 针对 C 的语法拓展

C 语言的设计目标是提供一种能以简易的方式编译、处理低级存储器,产生简短的机器码以及不需要任何运行环境支持便能运行的编程语言。C 语言也很适合搭配汇编语言来使用。尽管 C 语言提供了许多低级处理的功能，但仍然保持着良好跨平台的特性，以一个标准规格写出的 C 语言程序可在许多电脑平台上进行编译，甚至包含一些嵌入式处理器（单片机或称 MCU）以及超级电脑等作业平台。C 语言具有如下特点：

表 3－1　2022 年 9 月热度前 20 编程同比变化

2022 年 9 月	2021 年 9 月	变化		编程语言	评级	变化
1	2	↑		Python	15.74%	+4.07%
2	1	↓		C	13.96%	+2.13%
3	3			Java	11.72%	+0.60%
4	4			C++	9.76%	+2.63%
5	5			C#	4.88%	-0.89%
6	6			Visual Basic	4.39%	-0.22%
7	7			JavaScript	2.82%	+0.27%
8	8			Assembly language	2.49%	+0.07%
9	10	↑		SQL	2.01%	+0.21%
10	9	↓		PHP	1.68%	-0.17%
11	24	⇈		Objective-C	1.49%	+0.86%
12	14	↑		Go	1.16%	+0.03%
13	20	⇈		Delphi/Object Pascal	1.09%	+0.32%
14	16	↑		MATLAB	1.06%	+0.04%
15	17	↑		Fortran	1.03%	+0.02%
16	15	↓		Swift	0.98%	-0.09%
17	11	⇊		Classic Visual Basic	0.98%	-0.55%
18	18			R	0.95%	-0.02%
19	19			Perl	0.72%	-0.06%
20	13	⇊		Ruby	0.66%	-0.62%

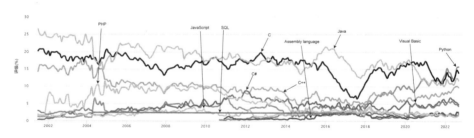

图 3－1　TIOBE 编程社区指数 2001–2022

（1）C 语言是一个有结构化程序设计，具有变量作用域（variable scope）以及递归功能的过程式语言。

（2）传递参数是以值传递（pass-by-value），也可以通过指针来传递参数（pass-by-address）。

（3）不同的变量类型可以用结构体（struct）组合在一起。

（4）只有 32 个保留字（reserved keywords），使变量、函数命名有更多弹性。

（5）部分的变量类型可以相互转换，如整型和字符型变量。

（6）通过指针（pointer），C 语言可以容易地对存储器进行低级控制。

（7）编译预处理（preprocessor）让 C 语言的编译更具有弹性。

为了让 C 语言更好地适应嵌入式开发的需求，各大开发环境生产商都为 C 语言针对其应用的平台进行了语言扩展。目前国内用的较多的是 Keil[①]和 IAR 的开发环境，而在 51 系列单片机的开发中，又以 Keil 的应用最广泛。两者都是收费的软件，但是也有很多 IC 厂商直接购买了 Keil C 的授权，供使用该厂芯片进行开发的客户免费使用，如 Sliab 的 C8051F 系列的单片机，Cypress 的单片机。

Cx51 编译器是业界最流行的 8051 C 编译器，它基于 ISO/IEC 9899:1990 标准（即 ANSI C90 标准），提供了如下特性用于支持 8051 的 C 语言开发：

（1）提供了 9 种基础数据类型，包括 32 位的 IEEE 浮点数。

（2）灵活的存储位置定义，支持 bit、data、idate、xdata 和 pdata 存储类型。

（3）中断函数可用 C 语言编写。

（4）对寄存器分组的完整支持。

（5）提供完整的符号和类型信息用于源代码级别的调试。

（6）支持 AJMP 和 ACALL 指令。

（7）可位寻址的变量。

（8）对 RTX51 实时操作系统的内置接口。

（9）支持主流 51 单片机的双指针。

Cx51 从存储区、存储模型、存储类型、数据类型、位数据类型以及可位寻址数据、特殊功能寄存器、指针、函数属性等方面对 ANSI Standard C 进行了扩展，并新增了如表 3-2 所示的关键字。

表 3-2 新增关键字

_at_	alien	bdata	bit	code
compact	data	far	idata	interrupt
large	pdata	_priority_	reentrant	sbit
sfr	sfr16	small	_task_	using
xdata				

本章后面的几节对 Keil Cx51 针对 8051 系列单片机开发所做的语法拓展和性能优化进行讲解。

[①] Keil（德国）于 1986 年成立，主要为众多半导体生产商提供开发工具，它的主打产品为专门用于 8051、251，以及 XC16X 等系列单片机的 C 编译器、宏汇编器、调试器、仿真器、链接器、集成开发环境、库管理器、实时操作系统，以及评估板。2005 年 10 月被 ARM 收购。

一、存储区

8051 处理器结构支持几个物理分开的程序和数据的存储区（memory areas）或存储空间（memory space）（图 3-2，图 3-3）。每个存储区都存在有利的和不利的方面。这些存储空间可能：① 可读不可写；② 可读可写；③ 读写比别的存储空间快。

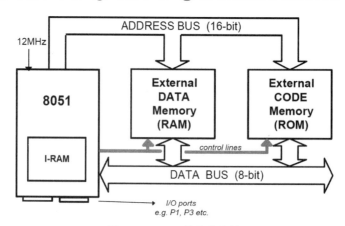

图 3-2　8051 的总线结构

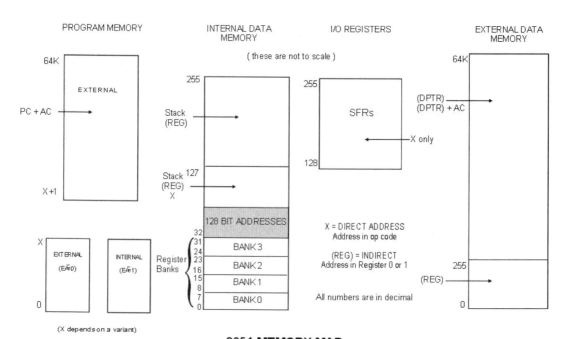

图 3-3　8051 的存储结构

这和多数的大型机、小型机和微型机不一样，在这些机器中运行的程序，其代码、数据和常数都放在机器内部相同的存储空间内[①]。

1. 程序存储区

程序存储区（program memory, CODE AREA）是只读的，不能被写入。程序存储区可能在 8051 CPU 内，也可能在外部，或者内部、外部都有，具体情况取决于 8051 派生系列的硬件设计。

8051 体系结构支持最多 64KB 的程序存储区，但是程序存储器空间可能采用代码分块技术进行扩展。有些器件提供了很大的代码空间，包括所有的函数和库例程的程序代码都保存在程序存储区。8051 只执行位于程序存储区的程序。在 C 程序中，通过使用 `code` 存储类型标志符来访问。

2. 数据存储区

8051 数据存储（data memory）的结构相对比较复杂，分为内部数据存储（internal data memory）和外部数据存储（external data memory）。

> **思考**
>
> 图 3-3 中显示的各个存储区域，用汇编语言该如何访问？如何在 Keil μV 中验证你的想法？

内部数据存储（internal data memory）（图 3-4）是可读可写的。8051 派生系列最多可有 256 字节的内部数据存储。低 128 字节内部数据存储可直接寻址，高 128 字节数据（从 0x80 到 0xFF）只能间接寻址。从 20H 开始的 16 字节可位寻址。

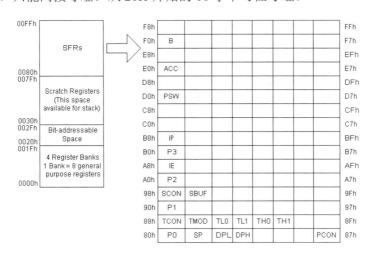

图 3-4 8051 的 IRAM 结构

因为可以用一个 8 位地址访问，所以内部数据访问很快。然而内部数据存储最多只有 256 字节。内部数据存储可以分成 `data`、`idata` 和 `bdata` 等 3 个不同的存储类型。

[①] 在大型机、小型机和微型机以及 PC 中，存放程序的文件的存储器称为外存（外部存储，external storage），如硬盘、光盘、U 盘、磁带等，运行状态的程序包括其代码、数据都位于 RAM 内存（也称为主存）中。

（1）**data** 存储类型标识符指低 128 字节的内部数据，存储的变量直接寻址。

（2）**idata** 存储类型标识符指内部的 256 个字节的存储区。但是只能间接寻址，速度比直接寻址慢。

（3）**bdata** 存储类型标识符指内部可位寻址的 16 字节存储区，地址从 20H 到 2FH，可以在本区域声明可位寻址的数据类型。关键字 **bit** 定义一种只占用 1 位的数据类型，位类型的数据是从该区域分配的。因为该区域只有 16 字节，所以最大只有 $16 \times 8 = 128$ 个位空间。Cx51 中位变量的使用也有一些限制，bit 变量可以用作函数参数和返回值，但是没有位指针，也没有位数组，在使用了 **using** 属性的函数中也不允许返回 **bit** 型数值。

代码 3-1 展示了 **bdata** 存储区的应用。变量 ibase 和 bary[ ] 以及 done_flag 都被分配在 **bdata** 区域，在可能的情况下使用 **bit** 变量也更省存储。

代码 3-1　内部数据区变量的申明

```
1  int  bdata ibase;           // Bit-addressable int
2  char bdata bary [4];        // Bit-addressable array
3  static bit done_flag = 0;   // bit variable
4  bit testfunc (              // bit function
5          bit flag1,  // bit arguments
6          bit flag2)
7  {
8    //some code here
9
10   return (0);       // bit return value
11 }
```

外部数据（external data memory）可读可写。访问外部数据区比内部数据区慢，因为外部数据区是通过数据指针（DPTR）加载地址来间接访问的。

多种 8051 系列集成了片内 XRAM，可用和传统的外部数据区一样的指令访问。这些空间通过专用的 SFR 配置寄存器使能，和外部存储空间重叠。

外部数据区最多可有 64KB，当然这些地址不是必须用做存储区。硬件设计可能把外围设备影射到存储区，如果是这种情况程序可以用读写外部数据区的指令实现对外围设备的控制。

Cx51 编译器提供 xdata 和 pdata 两种不同的存储类型访问外部数据。其中，xdata 存储类型标识符指外部数据区 64KB 内的任何地址，pdata 存储类型标识符仅指 1 页或 256 字节的外部数据区。

3. FAR 存储区

FAR 存储（far memory）指许多新型的 8051 变体的扩展地址空间。Cx51 编译器用普通的 3 字节指针访问扩展存储区。目前，有 far 和 const far 两种 Cx51 存储类型，分别访问扩展 RAM 中的变量和 ROM 中的常数。

4. 特殊功能寄存器区域

8051 包括 128 字节的特殊功能寄存器（special function registers，SFR）存储区（图 3 - 4）。SFR 指一系列用于控制定时器、计数器、串行 IO、端口 IO 及其他外设的位、字节或者字型的寄存器。

该区域（地址范围 0x80～0xFF）在地址上与内部数据存储区（idata）的高 128 字节重叠，从 C 语言翻译为汇编语言后表现为通过不同的寻址方式进行寻址：

（1）**sfr** 申明的内存变量为直接寻址。

（2）**idata** 申明的内存变量为寄存器间接寻址。

图 3 - 5 展示了 Cx51 编译器对位于地址 0x80 的 sfr 变量 y 与 idata 变量 x 的不同处理。y 是特殊功能寄存器（在 8051 中一般被映射到了端口 0），对应的代码 C:0x0800 和 C:0x0807 处都是直接寻址；x 是 idata 位于地址 0x80 处，对应的代码 C:0x0803 和 C:0x0809 都是寄存器间接寻址。从 C 语言翻译为汇编语言后，直接寻址的变量 y 赋值语句（C 代码第 10 行）指令 3 个字节执行时间 2 个机器周期，寄存器间接寻址的变量 x 赋值语句（第 11 行）指令 2+2 个字节，执行时间也是 2 个机器周期；C 代码的自增语句第 14 行对应 2 个字节、1 个机器周期，第 15 行对应 3 个字节、2 个机器周期。可以看出，sfr 变量总体比 idata 变量对应的代码短、速度快。

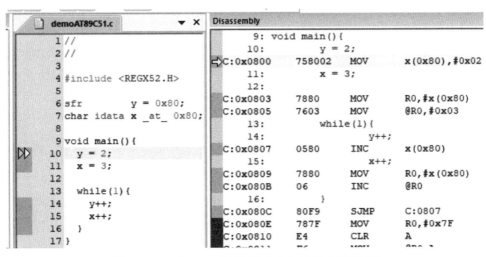

图 3 - 5　sfr 和 idata 变量赋值和自加运算对应的汇编

二、存储模式

存储模式（memory models）定义函数参数、自动变量和没有直接声明存储类型的变量的**缺省**的存储类型。在 Cx51 编译器命令行中用 SMALL、COMPACT 和 LARGE 控制命令指定存储模式。表 3 - 3 列出了各种存储模式下各类变量的默认存储类型。如果想使用特定的存储模式，可以在编译器命令中加入 SMALL、COMPACT 或 LARGE 指示符，或在源代

码中用 **#pragma** 伪指令指示出来。用明确的存储类型标识符声明一个变量可以重载缺省的存储模式指定的存储类型。

表 3-3 各种存储模式下各类变量的默认存储类型

存储模式	参数和自动变量	默认全局变量	默认常量变量	默认指针定义	默认指针长度
SMALL	data	data	data	*	3 B
COMPACT	pdata	pdata	pdata	*	3 B
LARGE	xdata	xdata	xdata	*	3 B

1. SMALL 模式

在 SMALL 模式中，所有变量缺省的情况下位于 8051 系统的内部数据区，这与用 data 存储类型标识符明确声明的一样。在该模式中变量访问非常有效，然而所有的对象包括堆栈必须放在内部 RAM 中。堆栈大小至关重要，它决定了函数嵌套的深度。典型情况下，如果连接/定位器配置为内部数据区变量可覆盖，则 SMALL 模式是最好的模式。

2. COMPACT 模式

在 COMPACT 模式下，所有变量都默认放在外部数据区的一页中，就像用 pdata 声明的一样。因为采用了通过寄存器 R0 和 R1(@R0, @R1) 进行间接寻址的寻址方案，该存储模式可提供最多 256 字节的变量。该存储模式不如 SMALL 模式有效，变量访问也不是很快。然而 COMPACT 模式比 LARGE 模式快。

当用 COMPACT 模式，Cx51 编译器 @R0 和 @R1 为操作数的指令访问外部存储区。R0 和 R1 是字节寄存器，只提供地址的低字节。如果 COMPACT 模式使用多于 256 字节的外部存储区，高字节地址或页地址由 8051 的 PORT2 提供。这种情况必须初始化 PORT2，以使用正确的外部存储页。这可在起始代码中实现，同时必须为连接器指定 PDATA 的起始地址。

3. LARGE 模式

在 LARGE 模式下，所有变量缺省的放在外部数据存储区（可达到 64KB），这与用 xdata 存储类型标识符明确声明的一样。用数据指针 DPTR 寻址。通过这指针访问存储区是相对低效，特别是对两个或多个字节的变量的情况下。这种访问机制比 SMALL 或 COMPACT 模式产生更多的代码。

> **提示**
> 特殊情形除外，使用 SMALL 存储模式产生最快和最小的代码。

三、存储类型

Cx51 编译器明确支持 8051 及其派生系列，可访问 8051 的所有存储区。可以通过为每个变量指定明确的存储类型（memory types）实现与特定存储空间的关联。

访问内部数据区比访问外部数据区要快得多。基于这个原因，把频繁使用的变量放在内部数据区，把较大的、较少使用的变量放在外部存储区，可以显著提高代码的执行速度。表 3-4 总结了在 8051 开发中可能用到的存储类型标志符。

表 3-4　存储类型及描述

存储类型	描述
code	代码存储（64KB），通过指令 MOVC @A+DPTR 访问
data	直接寻址的内部存储区域，访问速度最快，只有 128B
idata	间接寻址的内部存储区域，包含 data 区域，共 256B
bdata	可位寻址的内部存储区域，属于 data 区域，既可位寻址也可字节寻址，只有 16B 共 128 位
xdata	外部存储区域（64KB），通过指令 MOVX @DPTR 访问
far	扩展的 RAM 和 ROM 存储空间（可达 16MB），通过用户定义的函数或者特定芯片（如 Philips 80C51MX，Dallas 390）指令访问
pdata	分页（256B）化的外部存储，通过指令 MOVX @Rn 访问

与使用 signed 和 unsigned 属性一样，在变量声明时可以使用存储类型指示符（关键字）。例如：

```
1  char data var1;
2  char code text[] = "ENTER PARAMETER:";
3  unsigned long xdata array[100];
4  float idata x,y,z;
5  unsigned int pdata dimension;
6  unsigned char xdata vector[10][4][4];
7  char bdata flags;
```

四、数据类型

Cx51 编译器除了支持标准 C 语言的数据类型（char、int、float、enum）外，还支持 8051 平台独有的数据类型（data types）（表 3-5）。其中 **bit**、**sbit**、**sfr** 和 **sfr16** 等数据类型不是 ANSI C 所要求的，它们是 Cx51 编译器所独有的。

> 注意
>
> 在 Cx51 中，数据的基本类型 **int** 和 **short** 都是 2 个字节，long 是 4 个字节，**float** 和 **double** 都是 4 个字节，这和 PC 中的 C 语言数据类型字长不一样。在 PC 中 **int** 整型为 4 个字节、**long** 和 **double** 都是 8 个字节。Cx5 没有提供双精度浮点数的支持，**float** 和 **double** 申明的浮点数都是按 4 字节的浮点数处理。

表 3-5　各种数据类型的字节大小和取值范围

数据类型	位数	字节	取值范围
bit	1		0 或 1
signed char	8	1	−128 ~ +127
unsigned char	8	1	0 ~ 255
enum	8/16	1 or 2	−128 ~ +127 或 −32768 ~ +32767
signed short int	16	2	−32768 ~ +32767
unsigned short int	16	2	0 ~ 65535
signed int	16	2	−32768 ~ +32767
unsigned int	16	2	0 ~ 65535
signed long int	32	4	−2147483648 ~ +2147483647
unsigned long int	32	4	0 ~ 4294967295
float	32	4	±1.175494E − 38
double	32	4	±3.402823E + 38
sbit	1		0 或 1
sfr	8	1	0 ~ 255
sfr16	16	2	0 ~ 65535

字节序

除了基本数据类型的长度不一样，还需要注意的是在 Cx51 中对数据**结尾方式**的定义与 PC 中 C 编译器的处理方式也不一样。结尾方式，又称为**字节顺序**或**字节序**，在计算机科学领域中，指在电脑内存中或在数字通信链路中，组成多字节的字的字节的排列顺序。

在几乎所有的机器上，多字节对象都被存储为连续的字节序列。例如，在（PC）C 语言中，一个类型为 int 的变量 x 的地址为 0x100，那么其对应地址表达式 &x 的值为 0x100，且 x 的 4 个字节将被存储在内存的 0x100、0x101、0x102、0x103 位置。

字节的排列方式有两个通用规则。例如，将一个多字节基本型数据的低位放在较小的地址处，高位放在较大的地址处，称**小端序**；反之则称大端序。在网络应用中，字节序是一个必须被考虑的因素，因为不同机器类型可能采用不同标准的字节序，所以均按照网络标准转化。

"endian"一词来源于 18 世纪爱尔兰作家乔纳森·斯威夫特（Jonathan Swift）的小说《格列佛游记》（*Gulliver's Travels*）。小说中，小人国为水煮蛋该从大的一端（Big-End）剥开还是从小的一端（Little-End）剥开而争论，争论的双方分别被称为"大端派（Big-Endians）"和"小端派（Little-Endians）"。以下是书中关于大小端之争历史的描述。

"我下面要告诉你的是，Lilliput 和 Blefuscu 这两大强国在过去 36 个月里一直在苦战。战争开始是由于以下的原因：我们大家都认为，吃鸡蛋前，原始的方法是打破鸡蛋较大的一端，可是当今皇帝的祖父小时候吃鸡蛋，一次按古法打鸡蛋时碰巧将一个手指弄破了。因此他的父亲，当时的皇帝，就下了一道敕令，命令全体臣民吃鸡蛋时打破鸡蛋较小的一端，违令者重罚。老百姓们对这项命令极其反感。历史告诉我们，由此曾经发生过 6 次叛乱，其中一个皇帝送了命，另一个丢了王位。这些叛乱大多都是由 Blefuscu 的国王大臣们煽动起来的。叛乱平息后，流亡的人总是逃到那个帝国去寻求避难。据估计，先后几次有11000人情愿受死也不肯去打破鸡蛋较小的一端。关于这一争端，曾出版过几百本大部著作，不过大端派的书一直是受禁的，法律也规定该派任何人不得做官。"

——《格列夫游记》第一卷第4章 蒋剑锋（译）

1980年，丹尼·科恩（Danny Cohen），一位网络协议的早期开发者，在其著名的论文 *On Holy Wars and a Plea for Peace* 中，为平息一场关于字节该以什么样的顺序传送的争论，而第一次引用了该词。

在哪种字节顺序更合适的问题上，人们表现得非常情绪化，实际上，就像鸡蛋的问题一样，没有技术上的原因来选择字节顺序规则，因此，争论沦为关于社会政治问题的争论，只要选择了一种规则并且始终如一地坚持，就不会带来实际的交流问题。

假设数据以字节为单位，分别采用大端序和小端序方式，用 p 表示数据在内存中的首地址，那么2字节整型数据 0x1234 在内存的存放方式见表 3-6，4字节整型数据 0x12345678 在内存的存放方式见表 3-7，4字节浮点数 3.1415926 在内存中的存放方式见表 3-8。

表 3-6 2 字节整型数 0x1234 在内存中存放顺序

结尾方式 \ 内存地址	p+0	p+1
大端序（C51）	0x12	0x34
小端序（PC 上 C 语言）	0x34	0x12

表 3-7 4B 字节整型数 0x12345678 在内存中存放顺序

结尾方式 \ 内存地址	p+0	p+1	p+2	p+3
大端序（C51）	0x12	0x34	0x56	0x78
小端序（PC 上 C 语言）	0x78	0x56	0x34	0x12

表 3-8 4 字节浮点数 3.1415926 在内存中存放顺序

结尾方式 \ 内存地址	p+0	p+1	p+2	p+3
大端序（C51）	0x40	0x49	0x0F	0xDA
小端序（PC 上 C 语言）	0xDA	0x0F	0x49	0x40

在单片机的 C 语言（Keil Cx51）中，数据用大端序的方式存放；在 PC 的 C 语言程序设计中，数据用小端序的方式存放；Java 是平台无关的，默认是大端序。因此，**如果需要在 8051 单片机与 PC 之间用内存数据块（一般是结构体）传递数据，应在发送方提前或者接收方收到数据之后进行字节顺序的调整。**

代码 3-2 展示了从单片机往 PC 发送二进制数据时常用的数据格式，在 PC 端接收到数据后对多字节基本类型的 x、y、z、crc 等数据需要进行字节序的调整。

代码 3-2　单片机发送到 PC 的数据帧格式

```
1  typedef struct tagDataFrame{
2    u8 delimiter;// 无符号字节型，用于标志数据帧的开始
3                 // 通常设置为"*"、"?"等易观察的ASCII值
4    u8 size;     // 无符号字节型，数据帧长度或类型
5    u32 x;       // 无符号32位整型，采集的数据
6    u32 y;       // 无符号32位整型，采集的数据
7    floar z;     // 32位浮点数，采集的数据
8    u16  crc;    // 无符号16位整型，采集的数据
9  }DataFrame,*DataFrame;
```

网络传输的 IP 协议的网络字节序和工业上常用的现场总线 MODBUS 的应用层都使用的是大端序。不同的处理器体系也有不同的字节顺序的使用习惯，x86、MOS Technology 6502、Z80、VAX、PDP-11 等处理器为小端序，Motorola 6800、Motorola 68000、PowerPC 970、System/370、SPARC（除 V9 外）等处理器为大端序，而 ARM、PowerPC（除 PowerPC 970 外）、DEC Alpha、SPARC V9、MIPS、PA-RISC 及 IA64 的字节序是可配置的。

五、变量的绝对寻址

在 Cx51 程序中，可以通过使用关键字 **_at_** 实现对内存空间的绝对寻址 (absolute variable location)，用法如下：

<[>memory_type<]> type variable_name **_at_** constant;

其中，

memory_type 是变量（数据）的存储类型，如果声明中没有明确指出，则根据存储模式使用默认的存储空间；

type 是变量的类型；

variable_name 是变量名；

constant 是变量的存储地址，该值必须是常量。

对变量使用 **_at_** 关键字声明时，所定位的地址应该符合相应的器件的物理存储范围。Cx51 编译器会进行检查并报告错误的地址申明。在使用关键字 **_at_** 时有下列限制：

（1）绝对变量**不能**被初始化。

（2）函数**不能**定位到绝对地址。

（3）位变量**不能**进行绝对定位。

代码 3-3 展示了如何对各种不同数据类型的变量使用 **_at_** 进行修饰。第 11 行展示了位于地址 0xFFE8 的**内存映射 IO** 在 C51 中的访问方法。

代码 3 - 3 _at_关键字用于变量的声明

```
1   struct link {
2     struct link idata *next;
3     char code *test;
4   };
5
6   struct link list idata _at_ 0x40;    //list at idata 0x40
7   char xdata text[256]   _at_ 0xE000;
8         //array at xdata 0xE000
9   int xdata i1           _at_ 0x8000; //int at xdata 0x8000
10  volatile char xdata IO_at_ 0xFFE8;
11        //xdata I/O port  at 0xFFE8
12  char far ftext[256]    _at_ 0x02E000;
13        //array at xdata 0x03E000
14  void main ( void ){
15    link.next = (void *) 0;
16    i1        = 0x1234;
17    text [0]  = 'a';
18    IO        = 6;
19    ftext [0] = 'f';
20  }
```

如果在一个源文件中用 _at_ 声明了变量，而又需要在另一个源文件中使用，则应采用如下的外部声明（external declarations）方式：

```
1   struct link {
2     struct link idata *next;
3     char        code  *test;
4   };
5
6   extern struct link idata list; // list at idata 0x40
7   extern char xdata text[256];    // array at xdata 0xE000
8   extern int xdata i1;             // int at xdata 0x8000
9   extern volatile char xdata IO; // xdata I/O port at 0xFFE8
```

> **注意**
>
> 在访问使用 _at_ 声明的 XDATA 外围设备时，需要使用 volatile 关键字来**抑制 Cx51 编译器对内存访问的过度优化**。

六、类型限定

Cx51 支持 const 和 volatile 两个类型限定词（type qualifiers）。

在 ANSI C 中，const 用于定义一个常量变量，用 const 声明的变量在运行过程不能被修改。在 Cx51 中，const 与存储类型（data，idata，xdata 等）一起用于声明变量。需要注意的是，如果要将变量存放在 ROM 中，应该使用 code 存储类型。例如：

```
code char test[] = "This is a text string";
```

1. volatile

volatile 类型限定符用于限制编译器对变量的假设（优化）。例如：

```
unsigned char reg1;     // Hardware Register #1
unsigned char reg2;     // Hardware Register #2

void func (void)
{
  while (reg1 & 0x01)   // Repeat while bit 0 is set
  {
    reg2 = 0x00;        // Toggle bit 7
    reg2 = 0x80;
  }
}
```

这段代码中，变量 reg1 和 reg2 是用于访问**硬件寄存器**的两个变量。在一般场景，当编译器将 reg1 加载进寄存器之后，在循环的过程中就不会重新加载（读取 reg1 的值并放进寄存器）了，但是循环执行的过程中 reg1 的值却是可能发生变化的。当编译器假定变量 reg2 为需要频繁操作的普通变量，从而缓冲到高速存储（寄存器或一级缓存）之后，因为对普通内存的多次赋值仅最后一次有实际意义，针对变量 reg2 的两步操作（第 8 行、第 9 行）就可能被编译器优化为只进行第 2 步（第 9 行）操作。

编译器的优化造成了这种后果，但这不是一种编译器的错误。事实上，编译器会进行各种类型的优化，只不过当前的优化不在预期之内。

volatile 限定词就是用于抑制这种"过度优化"的。例如：

```
volatile unsigned char reg1;    // Hardware Register #1
volatile unsigned char reg2;    // Hardware Register #2

void func( void )
```

```
 5  {
 6    while( reg1 & 0x01 )   // Repeat while bit 0 is set
 7    {
 8      reg2 = 0x00;         // Toggle bit 7
 9      reg2 = 0x80;
10    }
11  }
```

通过将 reg1 和 reg2 声明为 volatile 类型，编译器就不会对这些变量的访问进行过度优化了，也就可以生成期望的代码了。

进一步地，我们来看一个具体的例子（代码 3-4），其中定义了几个变量并对一些变量进行了连续的或重复的操作。

代码 3-4　volatile 优化抑制比较

```
 1  // volatileDemo.c
 2  //
 3  #include <REGX51.H>
 4
 5  char  g;
 6  void main(void)
 7  {
 8    char x;
 9    volatile char y;
10    while(1)
11    {
12      g = 0x78;
13      g = 0x78;
14      g = 0x78;
15
16      x = 0x12;
17      x = 0x12;
18      x = 0x12;
19
20      y = 0x34;
21      y = 0x34;
22      y = 0x34;
23
24      x = 1;
```

```
25        x = 2;
26        x = 3;
27
28        y = 6;
29        y = 7;
30        y = 8;
31
32        g = 4;
33        g = 5;
34        g = 6;
35    }
36  }
```

图 3-6 是代码 3-4 在 Keil Cx51 的默认优化级别下的汇编语言代码。可以看出，全局变量 g 对应的 C 代码的 12～13 行的操作都有对应的汇编代码（由此可见默认情况 Cx51 不对全局变量进行访问优化），局部变量 x 的 16～18 行的代码直接被优化掉了，24～26 的代码也进行了巧妙的转换，第 25 和第 26 行的赋值语句变成了自增指令，代码更小，速度更快。同样的局部变量 y 因为被声明为 volatile 变量，则未被优化。

> 提示
>
> 在 IAR 开发环境中进行 MSP430 单片机开发时也存在类似的编译器过度优化问题。这类错误通常很难发现，一般只有通过对比 C 代码和对应的汇编代码才能确认。
>
> 理解编译器的"私下的优化"可以帮助你更快地定位此类莫名其妙的错误。

七、指针

Cx51 支持通过 * 声明变量指针（pointers），Cx51 指针也支持标准 C 语言的所有运算。但是由于 8051 单片机独有的体系结构，Cx51 支持通用指针（generic pointers）和特定存储区指针（memory specific pointers）两种不同类型的指针。合理地使用特定存储区指针，可以使得程序运行速度更快、生成的代码更小。表 3-9 显示了应用不同指针时代码长短、数据大小以及执行时间的差异。

1. 通用指针

通用指针的声明和标准 C 语言的用法一样。例如：

```
1  char *s;           // string ptr
2  int  *numptr;      // int ptr
3  long *state;       // Texas
```

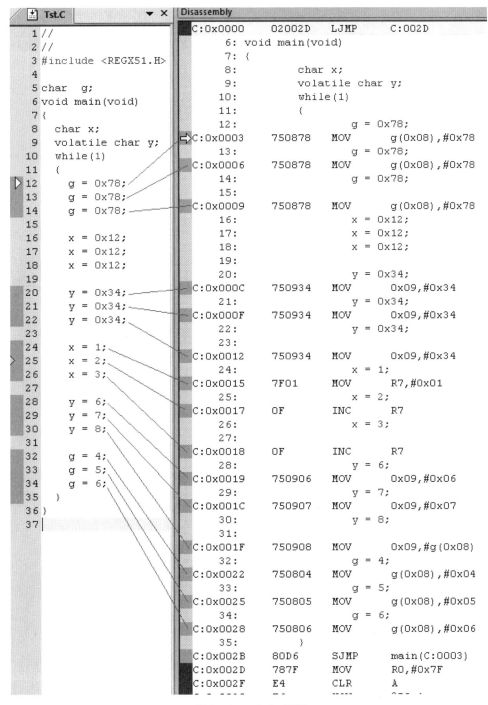

图 3-6 volatile 示例

通用指针总是需要 3 个字节的存储空间。第 1 个字节存放存储类型，第 2 个字节存储偏移地址的高字节，第 3 个字节存储偏移地址的低字节。通用指针可用于存取任意变量，无论这个变量在哪个存储区。Cx51 的库例程一般都使用通用指针。

表 3-9　不同指针对应的汇编以及指针长度、代码长度、执行时间

指针类别	idata 指针	xdata 指针	通用指针

C 例程	`char idata *ip;`
	`char val;`
	`val = *ip;`
		`char xdata *xp;`
		`char val;`
		`val = *xp;`
			`char *p;`
			`char val;`
			`val = *p;`

对应汇编例程	`MOV R0,ip`
	`MOV val,@R0`
		`MOV DPL,xp +1`
		`MOV DPH,xp`
		`MOV A,@DPTR`
		`MOV val,A`
			`MOV R1,p + 2`
			`MOV R2,p + 1`
			`MOV R3,p`
			`CALL CLDPTR`

指针长度 代码长度 执行时间	1 字节 4 字节 4 周期	2 字节 9 字节 7 周期	3 字节 11 字节 + 库调用 13 周期

代码 3-5[①]展示了通用指针用特定存储区变量进行初始化的情况，注意每一行 C 指针赋值代码都被翻译成了 3 行汇编代码，第 1 行设置指针类型，第 2、3 行分别设置高地址和低地址（和 Cx51 的大端序数据格式一致）。

代码 3-5　特定存储区变量对通用指针的赋值

```
1   stmt   level   source
2    1             char *c_ptr;              // char ptr
3    2             int  *i_ptr;              // int ptr
4    3             long *l_ptr;              // long ptr
5    4
6    5             void main (void)
7    6             {
8    7     1       char data dj;             // data vars
9    8     1       int  data dk;
10   9     1       long data dl;
11  10     1
12  11     1       char xdata xj;            // xdata vars
13  12     1       int  xdata xk;
14  13     1       long xdata xl;
15  14     1
16  15     1       char code cj = 9;         // code vars
17  16     1       int  code ck = 357;
18  17     1       long code cl = 123456789;
19  18     1
20  19     1
```

[①] 在 Keil μV 的项目属性设置对话框的"Listing"属性页中选中"Assembler Listing: .*.lst"，编译项目后就可以在项目文件夹中看到后缀 .LST 的汇编列表文件了。

```
21    20   1       c_ptr = &dj;           // data ptrs
22    21   1       i_ptr = &dk;
23    22   1       l_ptr = &dl;
24    23   1
25    24   1       c_ptr = &xj;           // xdata ptrs
26    25   1       i_ptr = &xk;
27    26   1       l_ptr = &xl;
28    27   1
29    28   1       c_ptr = &cj;           // code ptrs
30    29   1       i_ptr = &ck;
31    30   1       l_ptr = &cl;
32    31   1       }
33
34
35    ASSEMBLY LISTING OF GENERATED OBJECT CODE
36
37         ; FUNCTION main (BEGIN)
38                         ; SOURCE LINE # 5
39                         ; SOURCE LINE # 6
40                         ; SOURCE LINE # 20
41    0000 750000 R    MOV    c_ptr,#00H
42    0003 750000 R    MOV    c_ptr+01H,#HIGH dj
43    0006 750000 R    MOV    c_ptr+02H,#LOW dj
44                         ; SOURCE LINE # 21
45    0009 750000 R    MOV    i_ptr,#00H
46    000C 750000 R    MOV    i_ptr+01H,#HIGH dk
47    000F 750000 R    MOV    i_ptr+02H,#LOW dk
48                         ; SOURCE LINE # 22
49    0012 750000 R    MOV    l_ptr,#00H
50    0015 750000 R    MOV    l_ptr+01H,#HIGH dl
51    0018 750000 R    MOV    l_ptr+02H,#LOW dl
52                         ; SOURCE LINE # 24
53    001B 750001 R    MOV    c_ptr,#01H
54    001E 750000 R    MOV    c_ptr+01H,#HIGH xj
55    0021 750000 R    MOV    c_ptr+02H,#LOW xj
56                         ; SOURCE LINE # 25
57    0024 750001 R    MOV    i_ptr,#01H
58    0027 750000 R    MOV    i_ptr+01H,#HIGH xk
```

```
59  002A 750000  R    MOV    i_ptr+02H,#LOW xk
60                           ; SOURCE LINE # 26
61  002D 750001  R    MOV    l_ptr,#01H
62  0030 750000  R    MOV    l_ptr+01H,#HIGH xl
63  0033 750000  R    MOV    l_ptr+02H,#LOW xl
64                           ; SOURCE LINE # 28
65  0036 7500FF  R    MOV    c_ptr,#0FFH
66  0039 750000  R    MOV    c_ptr+01H,#HIGH cj
67  003C 750000  R    MOV    c_ptr+02H,#LOW cj
68                           ; SOURCE LINE # 29
69  003F 7500FF  R    MOV    i_ptr,#0FFH
70  0042 750000  R    MOV    i_ptr+01H,#HIGH ck
71  0045 750000  R    MOV    i_ptr+02H,#LOW ck
72                           ; SOURCE LINE # 30
73  0048 7500FF  R    MOV    l_ptr,#0FFH
74  004B 750000  R    MOV    l_ptr+01H,#HIGH cl
75  004E 750000  R    MOV    l_ptr+02H,#LOW cl
76                           ; SOURCE LINE # 31
77  0051 22           RET
78           ; FUNCTION main (END)
```

在上面的例子中，通用指针 c_ptr、i_ptr 和 l_ptr 都在 8051 的内部存储区。如果需要，也可以通过类型指示符指定通用指针存放的位置。例如：

```
1  char * xdata strptr;   // 存放在 xdata 存储区的通用指针
2  int  * data  numptr;   // 存放在 data  存储区的通用指针
3  long * idata varptr;   // 存放在 idata 存储区的通用指针
```

2. 特定存储区指针

特定存储区指针在声明时要包括一个被指变量所在存储区的指示符。例如：

```
1  char data  *str;      // 指针指向位于 data  区域的 字符串
2  int  xdata *numtab;   // 指针指向位于 xdata 区域的 int 数据
3  long code  *powtab;   // 指针指向位于 code  区域的 long 数据
```

因为被指变量的类型在编译期间已经确定，在通用指针中所需要的存储类型字节不再需要。特定存储区指针只需要 1 个字节（idata、data、bdata 和 pdata pointers）或 2 个字节（code 和 xdata 指针）进行存储。

和通用指针一样，也可以指定特定存储区指针的存储类型，只需在指针变量前加上存储类型指示符即可。例如：

```
1  char   data  * xdata  str;      // ptr in xdata to  data char
2  int    xdata * data   numtab;   // ptr in  data to xdata int
3  long   code  * idata  powtab;   // ptr in idata to  code long
```

第 1 行的变量 str 是位于 xdata 区域的指针，指向 data 区域的 char 型变量；第 2 行的变量 numtab 是位于 data 区域的指针，指向 xdata 区域的 int 型变量；第 3 行的变量 powtab 是位于 idata 区域的指针，指向 code 区域的 long 型变量。

对 C/C++ 中**指针常量**与**常量指针**的理解有助于加深对上述概念的理解。代码 3-6 中变量 pa 是常量指针，它指向的内存的内容不能改变但是可以更换指向的位置；变量 pc 是指针常量，它指向的存储区的内容可以改变但是不允许改变所指的存储区。

代码 3-6 指针常量与常量指针

```
1  int a = 34;
2  int b = 56;
3
4  const int *pa = &a;
5  int* const pc = &a;
6
7  *pa = 45 ; //错误
8  pa  = &b ; //正确
9
10 *pc = 56 ; //正确
11 pc  = &b ; //错误
```

特定存储区指针用于访问已经声明的变量，存取数据更加有效。代码 3-7 展示了特定存储区指针的应用。可以发现，特定存储区指针的代码比通用指针的代码短很多。

代码 3-7 特定存储区指针访问现有数组及其汇编代码

```
stmt level   source

   1         char data  *c_ptr; //memory-specific char ptr
   2         int  xdata *i_ptr; //memory-specific int ptr
   3         long code  *l_ptr; //memory-specific long ptr
   4
   5         long code powers_of_ten [] =
   6           {
   7             1L,
   8             10L,
   9             100L,
```

```
10           1000L,
11           10000L,
12           100000L,
13           1000000L,
14           10000000L,
15           100000000L
16         };
17
18         void main (void)
19         {
20    1      char data strbuf [10];
21    1      int xdata ringbuf [1000];
22    1
23    1      c_ptr = &strbuf [0];
24    1      i_ptr = &ringbuf [0];
25    1      l_ptr = &powers_of_ten [0];
26    1    }


ASSEMBLY LISTING OF GENERATED OBJECT CODE

     ; FUNCTION main (BEGIN)
                         ; SOURCE LINE # 18
                         ; SOURCE LINE # 19
                         ; SOURCE LINE # 23
0000 750000 R    MOV     c_ptr,#LOW strbuf
                         ; SOURCE LINE # 24
0003 750000 R    MOV     i_ptr,#HIGH ringbuf
0006 750000 R    MOV     i_ptr+01H,#LOW ringbuf
                         ; SOURCE LINE # 25
0009 750000 R    MOV     l_ptr,#HIGH powers_of_ten
000C 750000 R    MOV     l_ptr+01H,#LOW powers_of_ten
                         ; SOURCE LINE # 26
000F 22          RET
     ; FUNCTION main (END)
```

特定存储区指针的操作是在编译期间确定的,而通用指针对内存的访问是在运行时才知道确切的指针类型,因此特定存储区指针的速度要比通用指针快很多。如果程序的运行速度很关键，就尽量使用特定存储类型的指针。

3. 指针的转换

Cx51 编译器根据需要会对通用指针和特定存储区指针进行转换，可以通过在代码中明确的用指示符进行强制转换，也可能由编译器隐性地进行转换。当一个特定存储区指针作为参数传递给一个需要通用指针做参数的函数，Cx51 会将特定存储区指针转换为通用指针。比方说对 printf、sprintf 和 gets 等函数，它们使用通用指针做参数，如果实际编码中用了特定存储区指针，则会出现这种转换。例如：

```
1   extern int printf (void *format, ...);
2   extern int myfunc (void code *p, int xdata *pq);
3
4   int xdata *px;
5   char code *fmt = "value = %d | %04XH\n";
6
7   void debug_print (void)
8   {
9     printf (fmt, *px, *px);      // fmt is converted
10    myfunc (fmt, px);            // no conversions
11  }
```

上面的例子中，因为 printf 的函数原型要求第 1 个参数为通用指针类型，调用 printf 时其参数 fmt 是一个指向代码区的 2 字节指针，编译期间会被自动强制转为 3 字节的通用指针。

> **注意**
>
> 如果函数原型不存在，特定存储区指针总是被转换为通用指针。这在实际需要一个更短的指针的函数被调用时会产生错误。可以通过 include 文件以及声明所用的外部函数避免这种错误的发生。

表 3 - 10 详细展示了将通用指针 (*) 变换为特定存储区指针 (code*、xdata*、data*、idata*、pdata*) 的规则。

表 3 - 11 展示了特定存储区指针 (**code***、**xdata***、**data***、**idata*** 和 **pdata***) 转换为通用指针 (*) 的规则。

代码 3 - 8 展示了几种不同类型指针的转换以及相应的汇编例程。

八、函数的声明

C51 在函数声明（function declarations）方面对标准 C 函数提供了很多扩展，通过这些扩展，可以实现：

（1）声明一个函数为中断程序。
（2）选择寄存器组的使用。
（3）选择存储模式。
（4）声明一个可重入函数。
（5）申明一个 alien 函数（为了与其他的编译器兼容）。

表 3-10 通用指针转换为特定存储区指针

源指针类型	目标指针类型	说明
*	code*	仅使用通用指针的 2 字节偏移
*	xdata*	仅使用通用指针的 2 字节偏移
*	data*	仅使用通用指针的 2 字节偏移的低地址部分，高地址部分被忽略
*	idata*	仅使用通用指针的 2 字节偏移的低地址部分，高地址部分被忽略
*	pdata*	仅使用通用指针的 2 字节偏移的低地址部分，高地址部分被忽略

表 3-11 特定存储区指针转换为通用指针

源指针类型	目标指针类型	说明
code*	*	通用指针的类型字节被设置为 0xFF 表示位于 code 区域。code* 的偏移用作通用指针的偏移
xdata*	*	通用指针的类型字节被设置为 0x01 表示位于 xdata 区域。xdata* 的偏移用作通用指针的偏移
data*	*	通用指针的类型字节被设置为 0x00，data* 的 1 字节偏移被转换为 2 字节的无符号整型偏移
idata*	*	通用指针的类型字节被设置为 0x00，idata* 的 1 字节偏移被转换为 2 字节的无符号整型偏移
pdata*	*	通用指针的类型字节被设置为 0xFE，pdata* 的 1 字节偏移被转换为 2 字节的无符号整型偏移

代码 3-8 不同类型的指针之间的相互转换

```
stmt  level   source
  1            int *p1;             /* generic ptr (3 bytes) */
  2            int xdata *p2;       /* xdata ptr (2 bytes) */
  3            int idata *p3;       /* idata ptr (1 byte) */
  4            int code *p4;        /* code ptr (2 bytes */
  5
  6            void pconvert (void) {
  7     1      p1 = p2;             /* xdata* to generic* */
```

```
    8    1      p1 = p3;        /* idata*  to generic* */
    9    1      p1 = p4;        /* code*   to generic* */
   10    1
   11    1      p4 = p1;        /* generic* to code*   */
   12    1      p3 = p1;        /* generic* to idata*  */
   13    1      p2 = p1;        /* generic* to xdata*  */
   14    1
   15    1      p2 = p3;        /* idata*  to xdata* (WARN) */
***WARNING 259 IN LINE 15 OF P.C: pointer:different mspace
   16    1      p3 = p4;        /* code*   to idata* (WARN) */
***WARNING 259 IN LINE 16 OF P.C: pointer:different mspace
   17    1      }

ASSEMBLY LISTING OF GENERATED OBJECT CODE
        ; FUNCTION pconvert (BEGIN)
                        ; SOURCE LINE # 7
0000 750001   R    MOV    p1,#01H
0003 850000   R    MOV    p1+01H,p2
0006 850000   R    MOV    p1+02H,p2+01H
                        ; SOURCE LINE # 8
0009 750000   R    MOV    p1,#00H
000C 750000   R    MOV    p1+01H,#00H
000F 850000   R    MOV    p1+02H,p3
                        ; SOURCE LINE # 9
0012 7B05          MOV    R3,#0FFH
0014 AA00     R    MOV    R2,p4
0016 A900     R    MOV    R1,p4+01H
0018 8B00     R    MOV    p1,R3
001A 8A00     R    MOV    p1+01H,R2
001C 8900     R    MOV    p1+02H,R1
                        ; SOURCE LINE # 11
001E AE02          MOV    R6,AR2
0020 AF01          MOV    R7,AR1
0022 8E00     R    MOV    p4,R6
0024 8F00     R    MOV    p4+01H,R7
                        ; SOURCE LINE # 12
0026 AF01          MOV    R7,AR1
0028 8F00     R    MOV    p3,R7
```

```
                                ; SOURCE LINE # 13
002A AE02           MOV    R6,AR2
002C 8E00     R     MOV    p2,R6
002E 8F00     R     MOV    p2+01H,R7
                                ; SOURCE LINE # 15
0030 750000   R     MOV    p2,#00H
0033 8F00     R     MOV    p2+01H,R7
                                ; SOURCE LINE # 16
0035 850000   R     MOV    p3,p4+01H
                                ; SOURCE LINE # 17
0038 22             RET
      ; FUNCTION pconvert (END)
```

在函数声明中可以应用这些扩展或属性，其中的绝大多数属性可以组合使用。C51 编译器接受的标准的声明方式如下：

```
<[>return_type<]> funcname (<[>args<]>)
                            <[>{small|compact|large}<]>
                            <[>reentrant<]>
                            <[>interrupt x<]>
                            <[>using y<]>
```

其中，

funcname 表示函数名。

return_type 表示函数的返回值类型。如果没有明确指出，默认为 int 型。

args 表示函数的参数列表。

small 明确指明该函数应用 small 存储模式。

compact 明确指明该函数应用 compact 存储模式。

large 明确指明该函数应用 large 存储模式。

reentrant 表明该函数是递归的或可重入的。

interrupt 表明该函数是一个中断服务函数。

x 表示中断服务函数的中断号。

using 指明函数使用的寄存器组。

y 是寄存器组号的组号。

下面仅对寄存器分组和中断函数部分的内容进行讲解。

1. 寄存器分组

在所有的 8051 系列中，位于 DATA 内存的第 1 个 32 字节区域（0x00-0x1F）被分为 4 个寄存器组，每个分组 8 个字节。程序通过 R0-R7 访问这些寄存器。寄存器分组（Register Banks）通过 PSW 的 2 个位（RS1:RS0）选择。在中断服务函数或者实时操作系统的设计中，寄存器分组非常重要。因为采用寄存器分组时，当需要进行任务切换或发生中断时，MCU只需要选择相应的寄存器分组即可，而不用保存所有的8个寄存器到堆栈中。当任务完成时，MCU可以很快恢复原来的寄存器分组。

关键字（属性）using用于指定函数使用的寄存器分组，详细示例如下：

```
1  void rb_function (void) using 3
2  {
3    .
4    .
5    .
6  }
```

using属性的参数是一个值为0到3的整数，不能在函数原型中使用using属性。using属性对函数代码的生成产生如下影响：

（1）在进入函数时，当前工作的寄存器被保存在堆栈中。

（2）指定的寄存器分组被选中。

（3）在函数退出前，原来的寄存器分组被恢复。

下面的例子展示了这一过程：

```
stmt level   source

  1
  2          extern bit alarm;
  3          int alarm_count;
  4          extern void alfunc (bit b0);
  5
  6          void falarm (void) using 3  {
  7    1         alarm_count++;
  8    1         alfunc (alarm = 1);
  9    1         }


ASSEMBLY LISTING OF GENERATED OBJECT CODE


     ; FUNCTION falarm (BEGIN)
0000 C0D0          PUSH   PSW
0002 75D018        MOV    PSW,#018H
                          ; SOURCE LINE # 6
                          ; SOURCE LINE # 7
0005 0500     R    INC    alarm_count+01H
```

```
0007 E500      R    MOV    A,alarm_count+01H
0009 7002           JNZ    ?C0002
000B 0500      R    INC    alarm_count
000D ?C0002:
                    ; SOURCE LINE # 8
000D D3             SETB   C
000E 9200      E    MOV    alarm,C
0010 9200      E    MOV    ?alfunc?BIT,C
0012 120000    E    LCALL  alfunc
                    ; SOURCE LINE # 9
0015 D0D0           POP    PSW
0017 22             RET
    ; FUNCTION falarm (END)
```

上例中，位于偏移 0000h 的代码向堆栈中保存了初始寄存器分组并设定了新的寄存器分组；位于偏移 0015h 的代码通过将原来的 PSW 的内容从堆栈中弹出恢复了原来的寄存器分组。

> **注意**
>
> using 属性不能用于需要从寄存器返回数据的函数。在使用 using 必须特别小心，应确保寄存器组的切换尽在可控的区域进行，否则会产生不可预料的后果。即使使用同一个寄存器分组，函数在声明时也不应该返回一个位值。using 属性在中断函数中很有用。通常对不同中断级别的中断服务使用不同的寄存器分组，如将所有的非中断代码使用寄存器分组 1，所有低级别的中断服务使用寄存器分组 2，所有的高级别的终端使用寄存器分组 3。

2. 中断函数

8051 及其派生器件提供了很多硬件中断用于计数、定时、检测外部事件以及使用串行接口收发数据。标准的中断如表 3-12 所示。

表 3-12 中断向量及其地址

中断号	说明	地址
0	EXTERNAL INT 0	0003h
1	TIMER/COUNTER 0	000Bh
2	EXTERNAL INT 1	0013h
3	TIMER/COUNTER 1	001Bh
4	SERIAL PORT	0023h
5	TIMER/COUNTER 2(8052)	002Bh

随着 8051 供应商生产了很多新器件，这些器件中也增加了更多的中断。Cx51 编译器

支持多达32个中断。关键字interrupt用于指明某一个函数是中断服务代码。例如：

```
1  unsigned int    interruptcnt;
2  unsigned char   second;
3
4  void timer0 (void) interrupt 1 using 2
5  {
6    if (++interruptcnt == 4000)//count to 4000
7    {
8      second++;              //second counter
9      interruptcnt = 0;      //clear int counter
10   }
11 }
```

interrupt关键字后面的整数表示该中断函数的中断向量号，其范围为0~31，具体的有效值应该参阅器件手册。interrupt属性将对函数的代码产生一些影响，主要包括：

（1）如果需要，当中断服务函数被执行时，ACC，B，DPH，DPL和PSW的内容将被保存到堆栈中。

（2）如果未通过using指定寄存器组，所有被中断使用的寄存器也都会被保存到堆栈。

（3）在退出中断服务函数之前，保存在堆栈的原来的活动寄存器和SFR都将被恢复。

（4）中断服务函数由8051 RETI指令返回而退出。

下面的例子演示了interrupt属性的使用，从中也可以知道如何进入和退出中断服务代码。using属性（关键字）用于指定一个与非中断代码不同的寄存器组。因为下例中并没有使用寄存器组，所以用于切换寄存器分组的代码也被优化器清除了。

```
stmt level  source

  1         extern bit alarm;
  2         int alarm_count;
  3
  4
  5         void falarm (void) interrupt 1 using 3  {
  6    1       alarm_count *= 2;
  7    1       alarm = 1;
  8    1    }


ASSEMBLY LISTING OF GENERATED OBJECT CODE

     ; FUNCTION falarm (BEGIN
```

```
0000 C0E0          PUSH    ACC
0002 C0D0          PUSH    PSW
                           ; SOURCE LINE # 5
                           ; SOURCE LINE # 6
0004 E500    R     MOV     A,alarm_count+01H
0006 25E0          ADD     A,ACC
0008 F500    R     MOV     alarm_count+01H,A
000A E500    R     MOV     A,alarm_count
000C 33            RLC     A
000D F500    R     MOV     alarm_count,A
                           ; SOURCE LINE # 7
000F D200    E     SETB    alarm
                           ; SOURCE LINE # 8
0011 D0D0          POP     PSW
0013 D0E0          POP     ACC
0015 32            RETI
             ; FUNCTION falarm (END)
```

上例中,ACC 和 PSW 寄存器在偏移 000h 处被保存,在偏移 0011h 处被恢复。函数的返回采用了 RETI 指令。在中断服务函数的编写中,应注意下面的事项:

(1)中断服务函数没有参数。如果在声明中提供了参数,编译器会产生错误提示消息。

(2)中断服务函数没有返回值,返回类型必须定义为 viod。如果在函数定义中出现了返回结果的指令,也会导致编译器报警。

编译器可以发现对中断服务函数的调用并禁止这样的编码。直接调用中断服务函数也是没有意义的,因为中断服务函数返回时采用了与普通函数不同的指令 RETI,这条指令会影响 8051 的硬件系统,产生不确定的影响,通常还是致命的错误。也不要通过函数指针简介调用中断服务函数。编译器对每个中断函数生成一个中断向量。在中断向量中是一条跳到中断服务函数的跳转指令。

> 提示
> 在中断服务函数中调用的函数必须使用与中断服务函数相同的寄存器组。

3. 可重入函数

可重入函数(reentrant functions)是可被多个进程(线程、任务)同时调用的函数。这是在多任务或线程才会遇到的问题。在 Cx51 中,普通(非重入)函数的参数和局部变量保存在固定(预先指定)的位置,因此函数不能被递归调用,否则会导致数据破坏。这是因为在普通的 C 程序(PC 上的运行的程序)中函数参数和局部变量一般是规划到了堆栈(stack)中的,而 8051 的单片机的内存(RAM)很小,能够用作堆栈的内存就更少了,只适合使用在固定位置存放函数和局部变量的方案。

Cx51 中函数定义的时候，如果使用了可重入属性的申明，则该函数可以被递归调用。

```
1  int calc (char i, int b) reentrant  {
2    int  x;
3    x = table [i];
4    return (x * b);
5  }
```

可重入函数通常用于可能被多个进程**同时**调用的场景。在 8051 单片机中，当使用了实时操作系统或者中断的时候就可能发生多个"同时"运行的任务，或者中断函数和非中断函数同时调用一个函数的情况。

4. 实时任务函数

实时任务函数（real-time function tasks）是 Cx51 支持的 RTX51 Full 或者 RTX51 Tiny 实时操作系统中使用的函数，在操作系统章节会具体介绍它的应用。

第四节　标准函数库

C 标准函数库（C standard library，libc）是在 C 语言程序设计中，所有符合标准的头文件（header file）的集合，以及常用的函数库实现程序（如 I/O 输入输出和字符串控制）。Cx51 在运行时函数库提供了 100 多个预定义的函数和宏，包括字符串和缓冲区操作、数据转换、浮点数运算等。这些函数对标 ANSI C 函数，但是因为 8051 单片机与 PC 处理器架构的不同，两者还是有细微的区别。如 isdigit 函数返回 **bit** 值而不是 **int** 型，这样可以减小内存消耗。所有函数的参数和返回值都调整为可以使用的最小的数据类型，从而达到在提高库函数性能的同时还减小代码大小。

Cx51 提供的标准函数和宏位于 ▄KEIL 安装文件夹▸C 51▸INC 文件夹，了解并熟悉这些函数和宏（表 3 - 13）可以显著地提高开发效率。

在使用 Cx51 进行 8051 单片机开发的时候，如果要使用这些标准库函数，应该在开发环境查阅并了解这些函数在 PC 与 8051 单片机中的差别。例如，因为 8051 单片机中内存大小的限制，使用 printf 函数时单次输出的字符长度在 PC 中是没有明确的限制的（取决于剩余内存的大小），但在 Cx51 中，使用 SMALL 或 COMPACT 模式时该长度限制为最多 15B，在 LARGE 模式时该长度限制为最多 40B。

> 提示
>
> 在 Keil IDE 的帮助文档中找到 printf 的说明，并尝试构造代码检验在该函数在使用时的单次长度限制。

Cx51 对用于内存操作的几个函数和用于串口通讯信的两个读写函数（putchar 和

表 3-13　关键库文件的功能及函数

文件	功能说明和列表
STDIO.H	标准的输入和输出函数，实现串口和字符串的输入、输出等功能，包含 _getkey、getchar、ungetchar、putchar、printf、sprintf、vprintf、vsprintf、gets、scanf、sscanf、puts 等函数
STDLIB.H	标准库函数，实现绝对值计算、随机函数、数据转换、内存池的初始化和分配等操作功能，包含 abs、cabs、labs、atol、atoi、rand、srand、strtod、strtol、strtoul、init_mempool、malloc、realloc、calloc 等
STRING.H	字符串和内存块操作函数，实现字符串的串接、比较、赋值、搜索和内存块的比较、移动、设置等，包含 strcat、strncat、strcmp、strncmp、strcpy、strncpy、strlen、strchr、strpos、strrchr、strrpos、strspn、strcspn、strpbrk、strrpbrk、strstr、strtok、memcmp、memcpy、memchr、memccpy、memmove、memset 等
ABSACC.H	一些用于直接内存寻址的宏，实现地址的强制指针转换。包含 CBYTE、DBYTE、XBYTE、CWORD、DWORD、HBYTE、XARRAY 等
CTYPE.H	字符操作函数，实现字符类别的判断和大小写转换，包含 isalpha、isalnum、iscntrl、isdigit、isgraph、isprint、ispunct、islower、isupper、isspace、isxdigit、tolower、toupper、toint 等
STDARG.H	变参数函数相关的函数和宏。包含 _va_start_、va_arg、va_end
ASSERT.H	调试用的断言函数（宏），包含 assert 等

_getkey()提供了源代码。用户可以参考并修改相应的代码从而"重载（覆盖）"原有函数。代码 3-9 展示了如何使得在 Keil 提供的"hello"例程的基础上重载 putchar() 使得通过 printf() 往串口输出的字符都自动地转换为大写字母。可以进一步修改该函数，使得通过串口发送的数据实现"驱动"层级的加密。

在 Cx51 中调用标准输入输出函数 printf() 打印字符串时，printf 函数会自动"链接"putchar() 实现往串口打印（输出）字符。链接的时候链接器会先查看当前项目中有没有 putchar() 函数，如果没有才会再去标准库所在的文件查找 putchar() 函数。用户自定义的 putchar() 会被优先选用。

代码 3-9　串口输出函数的"重载"

```
1  //at89serial_overload.c
2  //
3  
4  //Version : 1.0
5  //Author  : Yujin Huang
6  //Email   : yujinh@126.com
7  //Location : Wuhan,Hubei,China
8  //Date    : 2022-4-12
9  
10 #include <REG52.H>
```

```c
11  #include <stdio.h>
12  #include <ctype.h>  // toupper()函数在该文件中
13
14  // putchar (mini version): outputs charcter only
15  char putchar (char c)
16  {
17    while (!TI);
18    TI = 0;
19    return ( SBUF = toupper(c) );
20  }
21
22  void main (void) {
23    int loop = 0;
24
25    SCON  = 0x40;// SCON: mode 1, 8-bit UART, enable rcvr
26    TMOD |= 0x20;// TMOD: timer 1, mode 2, 8-bit reload
27    TH1   = 0xf3;// TH1: reload value for 2400 baud @ 12MHz
28    PCON |= 0x80;// Double baudrate in mode 1,2,3
29    //  Now baud rate is 4800
30    TR1   = 1;   // TR1:  timer 1 run
31    TI    = 1;   // TI:   set TI to send first char of UART
32
33  while (1) {
34    P1 ^= 0x01;             //Toggle P1.0 each time we print
35    printf ("Hello World %d\n",loop++);//Print "Hello World"
36    }
37  }
```

第五节 Keil μV 开发环境介绍

Keil μVision（后简称 μV，图 3-7）是集成了项目管理、编译器、编辑器和调试器等的基于窗口的软件开发环境。它内置全套的嵌入式开发程序，如 C/C++ 编译器、宏汇编器、链接/定位器和 HEX 文件生成器等，为加速嵌入式软件开发提供了诸多如下便利。

（1）特性丰富的源代码编辑器，支持关键词、注释等的彩色渲染，函数列表等。

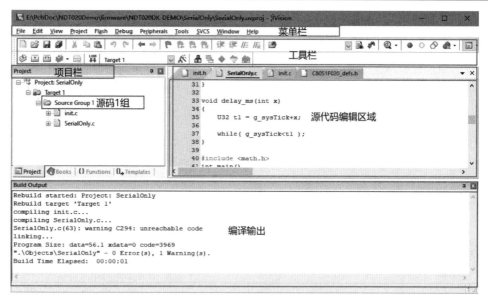

图 3-7 μV 界面

（2）项目管理器可用于创建和管理项目。
（3）集成的 Make 工具，对汇编、编译、链接提供了一体化的支持。
（4）通过对话框提供对开发环境的配置，避免了繁琐的命令行配置。
（5）集成了高速的 CPU 源代码和汇编代码调试器和外设仿真器。
（6）用于在线调试和连接 ULINK™ Debug Adapter 的高级的 GDI 接口。
（7）Flash 编程工具。
（8）提供了用户手册、在线帮助、器件数据手册和用户指南的链接，方便用户随时查询开发资料。

一、μV 中的软件开发流程

在 μV 中进行软件开发很简单，大致包含下面几个步骤：
（1）创建项目，从器件库选择目标芯片，然后配置工具链。
（2）在项目中创建 C/C++ 或 asm 源程序。
（3）用项目管理器构建应用。
（4）根据编译器提示改正源代码错误。
（5）测试并调试链接好的程序。
图 3-8 展示了完整的开发周期。

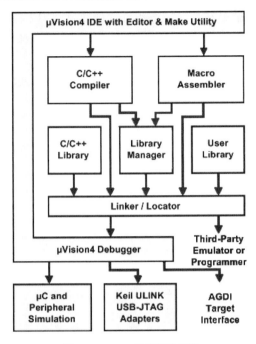

图 3-8 μV 应用开发周期

二、文件结构

了解 μV 开发环境的文件结构，对学习 C51 开发和解决开发问题都有很大帮助。对初学者而言，安装 Keil μV 时最好采用安装包提示的默认文件夹进行安装。这个默认文件夹通常位于 C：盘根目录（图 3-9）。Keil μV 提供了对 MCS-51 和 ARM 两大类器件芯片的支持。这两个大类的编译器套件并不同，Keil μV 在安装中对两类器件的编译套件提供了不同的子文件夹。对同时使用 51 和 ARM 的初学者，强烈建议安装时选择 μV 安装包提供的默认文件夹。

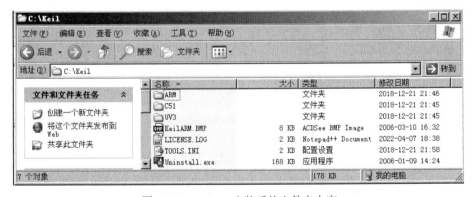

图 3-9 Keil μV 安装后的文件夹内容

Keil μV 的国际化做得并不好，在处理中日韩等国文字时常会出错，因此在安装时以及后续的创建项目时，切记**整个文件路径都不要使用非 ASCII 码的文件夹名和文件名**，如："📁c:▸我的桌面▸main .c"、"📁D:▸mcuDoc▸闪灯.c"等都是会引起错误的文件夹名或文件名。

在 Keil μV 的根目录中，主要包含 IDE 的配置文件 📁TOOLS.INI、卸载文件等以及 3 个重要的子文件夹：

📁**ARM** 包含了进行 ARM 器件开发的编译套件、头文件、库文件、例程以及帮助文档等；

📁**C51** 包含了 8051 汇编编译套件、C51 编译套件、函数库、头文件以及汇编语言开发套件、C51 例程、RTX51 实时操作系统的库和头文件以及例程等；

📁**UV3 或**📁**UV4** 包含开发环境的 GUI 界面程序和一些配置文件。

在学习 C51 开发的时候需要了解 C51 目录内的内容（图 3-10）。在这个文件夹中有若干子文件夹，下面几个子文件夹需要关注：

图 3-10 C51 目录内包含使用 C51 进行开发的关键工具、文件

📁**ASM** 包含了使用汇编语言进行开发的头文件，以及一个 8051 单片机使用汇编语言开发的文件模板。

📁**BIN** 汇编、C51 的编译器、连接器、HEX 代码转换器、库构造器等以及仿真、下载和在线调试会用到的一系列动态链接库（dll）。

📁**Examples** 包含若干典型的 8051 单片机采用 C51 进行开发的参考例程。其中：

BLINKY 展示了如何通过延时函数操作连接在指定单片机引脚上的 LED 灯闪烁；

Hello 切换引脚状态并往串口打印"Hello World",重点展示了串口配置和使用;

CSample 展示如何在单片机中进行交互式的加减法以及多用户文件项目的结构;

Benchmark 提供了 8051 性能指标测试的 3 种框架:DHRY(dhrystone benchmarks)、SIEVE(Small Model Sieve Program)、WHETS(Whetstone benchmarks)。

measure 该项目展示了如何在 P89LPC935 单片机上实现数据记录,该示例展示了如何仿真模拟输入信号;

其他 各家厂商特定衍生 8051 的单片机特性展示用例。

前 3 个案例比较简单,注释也详细,尤其值得入门者学习、参考。

第六节 项目的构建

程序开发往往通过项目进行管理,一个项目包含编译器配置、源代码、文件引用等多种资源。在 Keil μV(图 3-7)中构建项目很简单,大致可以分为下面几个步骤:

(1) 在菜单 Project 〉 New uVision project... 中打开创建项目(create new project)对话框。

(2) 在创建项目对话框内指定保存项目的文件夹以及项目的名称。项目文件夹需要提前创建,注意路径用 ASCII 字符,如:"📁E:▸mcuDoc▸Demo 1"。

(3) 在随后弹出的器件选择对话框选择项目使用的器件。通常需要先指定器件库,然后在搜索框输入器件名,检索到目标器件(目标单片机)选中并确认(图 3-11)。

(4) 随后会弹出一个对话框,询问是否 "Copy 'STARTUP.A51' to Project Folder and Add File to Project?",📁STARTUP.A51 里是 8051 单片机的汇编语言的初始化代码,为高级用户提供定制单片机初始化过程的机会,选择是或否都行。

(5) 点击菜单 File 〉 New 或工具栏🗋新建一个 ".C" 文件名后缀的源代码文件,对包含 main 函数的文件建议文件名和项目名一致,然后添加到项目文件中;随后就可以编辑代码了。

(6) 代码编辑完成,就可以通过 Project 〉 Build Target 或工具栏🗖、🗖对项目进行编译、链接;如果发现语法错误,则需要根据提示信息对代码进行修改,直到编译通过(图 3-7 的编译输出区域显示 "0 errors")。

(7) 编译通过仅表明编写的程序没有**语法错误**了,程序能不能按照预期的目标运行还需要进行软仿真或者在线调试进行验证。在 Project 〉 Options for target XXX 或点击工具栏🔧之后,在项目配置对话框的调试属性页选择仿真类型(图 3-12)。软仿真提供的 CPU 信息和状态信息更多,运行速度也更快,在手头没有开发板或者希望了解单片机的底层运行机制的时候可以选择软仿真;如果希望确认程序运行的真实效果,通常需要开发板配合在线调试器进行验证。通用的调试器有 U-Link、J-Link 等,EC-6 是专用于 C8051F 系列单片机的调试器。

(8) 选择了调试方式之后就可以通过菜单 Debug 〉 Start/Stop Debug session Ctrl+F5 或工

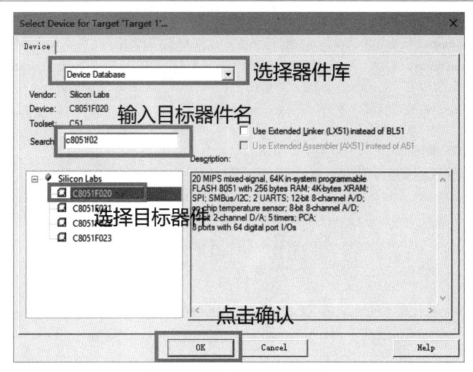

图 3-11　器件（目标单片机）选择

图 3-12　调试配置

具栏 🔍 ▾ 启动调试过程了（图 3-13）。

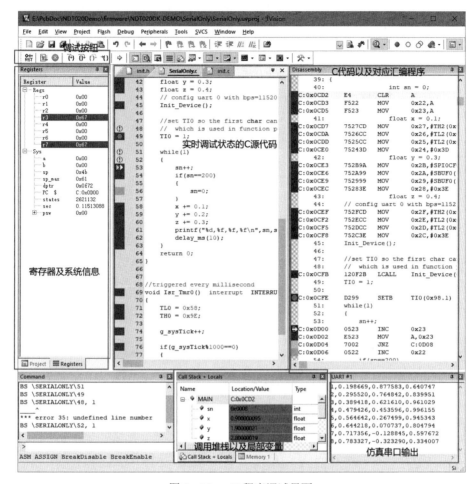

图 3-13 μV 程序调试界面

第七节　单片机程序调试

在开发的过程中，经常遇到的错误有两大类：一是语法或项目配置错误，二是逻辑或者理论错误。前者会导致编译失败，在编译输出区域会给出提示，因此解决起来相对简单。后者则是程序运行起来才能发现的错误，此类错误要么是算法设计不对，要么是对单片机或者外围的模块理解不正确，亦或是内存操作出现泄露，也有可能是硬件出现了故障等。出现此类错误查找起来非常困难，通常需要开发者从发现错误的地方逆推，查看程序运行过程中与预期不相符合的地方。

Keil μV 的调试器实现了多种图形化的调试交互方式，方便用户跟踪程序和定位错误。关于调试方案的详细说明可以通过菜单 Help》uVison Help 打开帮助文档，在"目录"属性页的"μVision IDE User's Guide"找到详细的说明，下面是常用的调试方法：

（1）让程序逐语句(行)运行，跟踪程序的运行逻辑。
（2）设置程序运行的断点（breakpoint，程序运行到这里会停下来），观察关键点的状态。
（3）查看全局变量或局部变量的值。
（4）查看 CPU 寄存器状态和外设状态。
（5）对比 C 代码和编译后的得到汇编代码。
（6）通过对话框查看外设实时状态并"写"外设状态。
（7）提供了虚拟的逻辑分析仪，可记录外设或者变量的变化。
（8）提供了虚拟的串口，可进行虚拟串口的读或写。

上一节以 C8051F020 为目标器件进行了项目构建的介绍，C8051F020 属于高端的 51 单片机，内部集成了诸多外设，芯片的生产商 Silicon Lab 为其寄存器配置和初始化提供了专门的软件，而且具有 1 个机器周期 = 1 个时钟周期的速度优势，但是调试方法和外设仿真也都更复杂。为了便于理解，实验中选择了 AT89S52 作为目标器件［图 3 - 14(a)］。它是一款典型的传统 8051 单片机，1 个机器周期 =12 个时钟周期，并假设使用 12MHz 的晶振［图 3 - 14(b)］。

> **思考**
>
> 为什么要选择 12MHz 的晶振进行仿真呢？因为对传统的 51 单片机而言，12 个时钟周期等于 1 个机器周期，12MHz 的晶振频率对应的机器周期就是 $1\mu s$，在运行时间估算时更简单。

为了便于理解，构建了代码 3 - 10 来阐述针调试方法的使用。下面先对代码 3 - 10 进行一下解释。这段代码参考官方例程 HELLO（位于文件夹 C:▸Keil _v5▸C 51▸Examples▸HELLO）构建而成，展示了串口的配置和使用以及通用输出端口 P1.0 的使用。

（1）第 11 行 "#include <REG52.H>" 包含了用于访问通用 52 系列单片机的寄存器和可直接位访问的寄存器位的头文件。

（2）第 12 行 "#include <stdio.h>" 为第 35 行 printf() 函数调用提供了标准输入输出库。

（3）printf() 函数在 PC 上默认输出内容到显示器，在单片机上默认输出字符到串口。经过汇编语言追踪会发现 printf() 函数中调用了 putchar() 函数，printf() 输出到哪里取决于 putchar() 的实现。

Keil 官方提供的 putchar() 函数在 C:▸Keil _v5▸C 51▸LIB▸PUTCHAR .C 文件中，它为用户提供了不同繁简版本的 putchar()。如果用户在项目中提供了 putchar() 函数，根据 C 语言的链接规则，将优先使用用户版本的 putchar() 函数；大家可以将第 19 行替换为 "**return** (SBUF = tupper(c));"（函数 unsigned char tolower (unsigned char) 将输入的参数字符转换为大写字符，使用它需要头文件<ctype.h>）然后观察串口

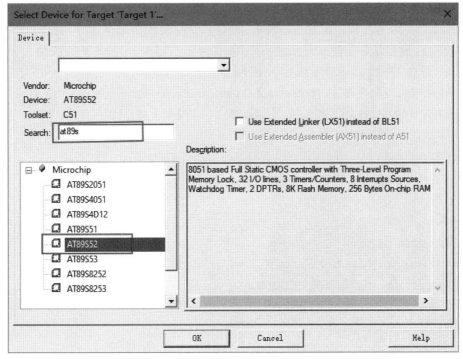

(a) 目标器件选择 AT89S52

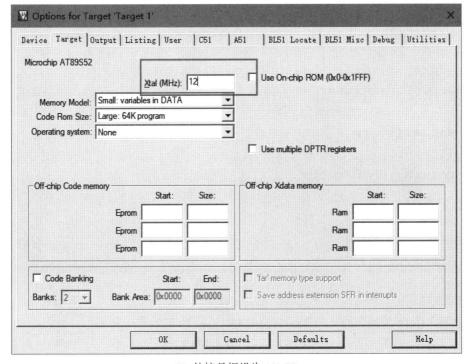

(b) 外接晶振设为 12MHz

图 3-14　调试、分析过程中的单片机选择和时钟选择

的输出，会发现第 35 行输出的大小写混写字符串变成了全部大写的字符串。

（4）第 25~30 行将串口配置为模式 1、波特率 9600，然后启动了 TIMER 1。

（5）第 31 行则是为了使 printf() 写串口的第一个字符写操作能够成功。

为什么需要 TI=1？参考第 17 行。putchar() 的工作逻辑是等待前一个字符发送结束才再发送当前需要发送的字符，判断的依据是 TI 被置位了，而刚上电或重启的 MCU 中 TI 的默认初始值是清 0 的，因此必须预设为 1 以启动第 1 个字符的发送。

代码 3-10　串口数据读取的初步构建

```
//at89serial.c
//
   
//Version : 1.0
//Author  : Yujin Huang
//Email   : yujinh@126.com
//Location : Wuhan,Hubei,China
//Date    : 2020-5-12
   
   
#include <REG52.H>
#include <stdio.h>
   
// putchar (mini version): outputs charcter only
char putchar (char c)
{
  while (!TI);
  TI = 0;
  return (SBUF = c);
}
   
void main (void) {
  int loop = 0;
   
  SCON  = 0x40;// SCON: mode 1, 8-bit UART, enable rcvr
  TMOD |= 0x20;// TMOD: timer 1, mode 2, 8-bit reload
  TH1   = 0xf3;// TH1:  reload value for 9600 baud @ 12MHz
  PCON |= 0x80;// Double baudrate in mode 1,2,3
  //  Now baud rate is 9600
  TR1   = 1;    // TR1:  timer 1 run
```

```
31        TI      = 1;    // TI:    set TI to send first char of UART
32
33        while (1) {
34        P1 ^= 0x01;                     //每轮循环切换 P1.0 的状态
35        printf ("Hello World %d\n",loop++);//打印"Hello World"
36        }
37     }
```

构建好项目，点击编译 ，然后点击调试 ，就进入调试状态（图 3 - 15），从而观察代码的运行过程以及变量、外设等在运行过程中的状态。

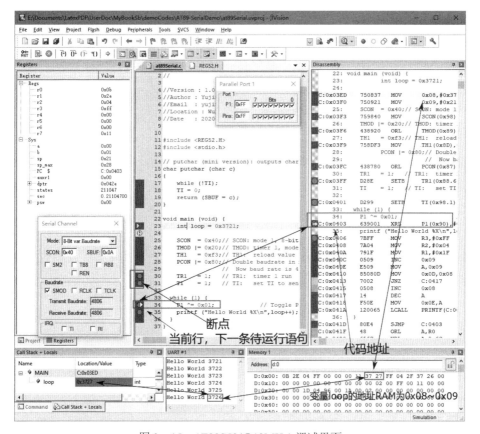

图 3 - 15　AT89S52(@12MHz) 调试界面

一、断点以及 CPU、寄存器、变量及汇编程序的查看

μV 环境下的单片机调试，很多操作需要在调试状态进行。点击 进入调试状态后，就可以借用多种图形化的调试技术来跟踪、观察程序中的寄存器、变量、代码状态，更加

深入的理解单片机的运行过程和操作原理:

(1) Registers 栏 (图 3-15 中左)。Regs 显示了单片机的当前 r0~r7 分组的实时值; 而 Sys 中则显示了 a、b、SP、PC 等寄存器的值以及单片机从复位到当前状态经过了多少个机器周期 (states) 和时间 (sec)。因为当前配置中 1 个机器周期 (states) 等于 1us, 因此 states = sec/10^6。在图 3-15 所示状态中, states 值为 211047, 对应 sec 为 0.21104700s = 211047us。

(2) C 代码栏 (图 3-15 中)。左侧第 35 行处的 ▶ 35 标志了下一条待执行的指令 (或语句), 此条 C 语言语句对应的汇编语言在 Disassambly 栏显示出来了。➡C:0x0405 表示即将运行的 C 语言译码得到的汇编语言代码在这一行。

(3) C 代码栏的 ⬤ 30 表示断点。开发者可以通过在怀疑出问题的代码的附近 (通常从前面若干条语句开始) 设置断点, 逐条运行语句, 观察当前的寄存器状态或变量值等是否符合预期。图 3-15 中, 变量 loop 的值可以从左下角的 "Call Stack+Locals" 窗口查看到。

(4) 在调试状态, 可以通过菜单或对应的工具按钮或快捷键 |Debug〉Run F5|、|Debug〉Stop|、|Debug〉Step F11|、|Debug〉Step Over F10|、|Debug〉Step Out CTRL+F11|、|Debug〉Run to Cursor CTRL+F10| 等控制代码的运行。

- **Reset CPU** 复位单片机, 让单片机重启。
- **Run F5** 启动内部的参数测量工具, 让复位后或暂停的单片机继续继续运行, 直到遇到断点。
- **Stop** 暂停正在全速运行的单片机, 便于查看当前状态。
- **Step F11** 逐条语句运行, 遇到函数就进入函数内部逐条执行; 每点一次, 执行一条语句。
- **Step Over F10** 逐条语句运行, 遇到函数将函数视为一条语句; 每点一次, 执行一条语句。
- **Step Out CTRL+F11** 跳出当前函数, 进入到调用函数中。
- **Run to Cursor CTRL+F10** 从当前代码位置一直运行到当前光标所在的位置。

(5) Disassambly 栏 (图 3-15 中右) 中显示了 C 源代码及其对应的汇编代码, 大家也可以从中查看它们之间的对应关系。汇编语言按照 3 列进行了显示, 以当前指令栏为例, 第 1 列 "C:0x0403" 显示了当前指令对应的代码在 FLASH 中的地址, 也就是指令的在代码空间的地址, 这个值也与 Registers 栏的 PC $ C:0x0403 的值对应; 第 2 列的 "639001" 则是该地址的指令码, 是当前地址的代码对应的 16 进制数; 第 3 列则是这一条指令码对应的汇编语句。

从这一栏可以看出, C 程序的第 23 行 "int loop = 0;" 对应了汇编语言的从代码区域 0x03ED 开始的 2 条指令; 在 C 语言中 int 数据类型占 2 个字节, 而 8051 是 8 位单片机, 因此相应的 C 语言的一条赋值指令在汇编中是 2 条立即数寻址的 MOV 指令。0x08、0x09 对应的 RAM 存放的就是 loop 变量, 这一点在右下角的内存窗口 (Memory 1) 也可以得到印证, 且和左下角的 "Call Stack+Locals" 窗口显示的值也保持一致。同时串口打印的最新的 loop 值之后 loop 进行了自增加操作, 因此最新的串口打印值 0x3726 比当前的 loop 值 0x3727 小 1。

Disassambly 栏以及 "Call Stack+Locals" 栏等都可以在调试状态通过菜单 |View〉Disassambly| 和 |View〉Call Stack Window| 或相应的工具栏按钮打开。

> **提示**
>
> 在学习使用一个新软件时可以多浏览一下菜单以及工具栏的按钮,以便在需要的时候能够马上想到或很快找到。

(6)内存窗口(窗口 Memeory 1,图 3-15)可用于查看单片机的各种内存,图中的 d:0 就表示从地址 0 显示 DATA 内存区域的数据。对应 C51 中的数据类型,如表 3-14 所示。

表 3-14 存储窗口存储类别缩写对照

类型	前缀(大小写均可)	说明	举例
DATA	D	内部 RAM 的 0~127	d:20
IDATA	I	内部 RAM 的 0~255	I:0x20
XDATA	X	外部 RAM	x:0x2000
CODE	C	代码区域	C:1234

(7)在软仿真状态写往串口的值可以显示在虚拟串口中(图 3-15),这在希望动态查看变量值的时候非常有用。

调试技术应用示例——`printf()` 运行耗时测量与分析

单片机的时钟频率常常达到几十上百兆赫兹,这个速度看起来很快了,但在解决具体问题时,往往还是不够快。下面用一个具体的例子来说明这一点。将代码 3-10 的 while 循环部分替换为代码 3-11。

代码 3-11 printf 函数运行时间测量

```
1  while (1) {
2    P1 = 0x00;
3    printf ("Hello World %X\n",loop++);
4    P1 = 0xFF;
5  }
```

编译之后,进入调试状态,在对应代码 3-11 的第 3、4 行设置断点,观察程序运行到 2 个断点处的 states 值(图 3-16)。代码运行到第 22 行时[图 3-16(a),printf 尚未执行],states=406,代码运行到第 23 行时[图 3-16(b),printf 已经执行],states = 33920,由此可知此处的 `printf()` 耗时达到 33920 - 406 = 33514 个机器周期,也就是 33514μs =33.514ms。当然,这里耗时的主要原因是阻塞式的 `putchar()` 函数在波特率太低时等待时间太长。通过这个例子大家可以理解通常所说的外设运行速度相对 CPU 速度很慢这一说法的由来。

printf 耗时多的另一个原因是这个函数的代码复杂。图 3-17 显示了包含 printf 函数以及将相应语句注释后对应的项目编译结果,包含 printf 函数的项目编译结果 code=1125B [图 3-17(a)],注释了 printf 函数的项目编译结果 code=45B [图 3-17(b)],代码长度差 1125 - 45 = 1080 B(约 1KB),而 AT89S52 单片机的"硬盘"(FLASH)也就 8KB,一个 `printf()` 函数就占用了 >1/8 的 FLASH 空间,可见常规的函数在单片机上的时间和空

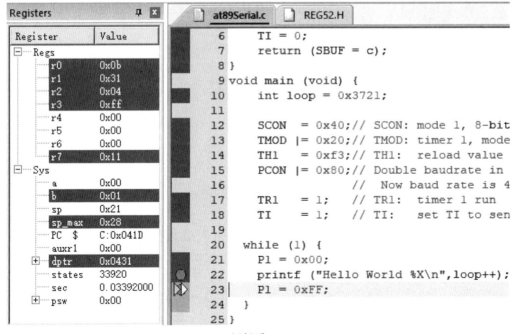

图 3-16 printf 执行耗时的"测量"

间代价很高。

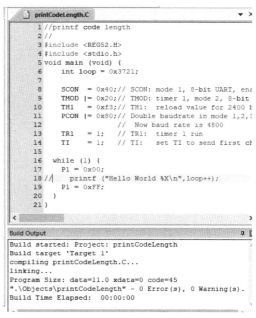

(a) 包含 printf 函数的项目编译结果：code=1125

(b) 注释了 printf 函数的项目编译结果：code=45

图 3-17 printf 函数占用 code 空间约 1KB

> **思考**
>
> 如何在 Keil μV 中测试 math.h 中 sin() 函数的运行时间和代码空间情况？

表 3-15～表 3-19 展示了在 SMALL 内存模式下，char、int、long 等 1 字节、2 字节、4 字节的整型数据的基本运算耗时以及浮点数和内存操作的耗时，其他内存模式耗时会略长。表格展示的时间单位为机器周期，如果单片机采用 12MHz 而每个机器周期为 12 个时钟周期，那么一个机器周期是 1μs，对应的时间单位 μs。从表中可以看出浮点运算基本耗时都在上千微秒，在 8051 单片机中使用浮点运算要慎重。了解这些基本操作的耗时，有助于对时间关键的功能模块的代码设计做评估和进行优化。

二、外设状态的观察

除了 CPU 状态、汇编代码、变量（Varialble）等可以在 Debug 状态进行实时在线查看，μV 调试器也提供了对中断、输入输出端口、串口、定时器、看门狗、ADC、DAC、I2C 以及 CAN 控制器等外设的图形化查看和控制方案。

表 3-15　SMALL 内存模式下**字符**运算耗时（单位：机器周期）

无符号字符运算			有符号字符运算			
运算	最短	平均	最长	运算	最短	平均	最长
+	3	3	3	+	3	3	3
-	4	4	4	-	4	4	4
*	8	8	8	*	8	8	8
/	8	8	8	/	19	26	31
%	9	9	9	%	20	27	32
>>	11	41	71	>>	11	41	71
<<	11	41	71	<<	11	41	71
				cabs()	16	17	18

表 3-16　SMALL 内存模式下**整数**运算耗时（单位：机器周期）

无符号整数运算			有符号整数运算			
运算	最短	平均	最长	运算	最短	平均	最长
+	6	6	6	+	6	6	6
-	7	7	7	-	6	6	6
*	42	42	42	*	42	42	42
/	162	165	192	/	43	194	229
%	162	165	192	%	43	194	229
>>	15	67	120	>>	15	67	120
<<	15	67	120	<<	15	67	120
				abs()	20	22	26

表 3-17　SMALL 内存模式下**长整数**运算耗时（单位：机器周期）

无符号长整数运算			有符号长整数运算			
运算	最短	平均	最长	运算	最短	平均	最长
+	12	12	12	+	12	12	12
-	13	13	13	-	13	13	13
*	132	132	132	*	132	132	132
/	253	260	319	/	266	306	618
%	261	268	327	%	274	314	626
>>	27	259	492	>>	27	259	492
<<	27	259	492	<<	27	259	492
				labs()	34	45	57

1. GPIO 的查看与控制

传统的 8051 单片机，它的引脚的输出、输入模式（以及状态）由写往对应的端口寄存器的值决定：

（1）写 0 表示将引脚配置为推挽输出，输出低电平；
（2）写 1 表示将引脚配置为弱上拉的输出，同时也可以输入高电平或低电平。

表 3-18　SMALL 内存模式下**浮点型**运算耗时（单位：机器周期）

运算	最短	平均	最长	运算	最短	平均	最长
+	152	199	365	-	136	201	334
*	119	219	231	/	659	895	1074
fmod()	246	1963	3776	modf()	1510	2002	2170
fabs()	28	29	31	ceil()	1130	1571	1781
floor()	1130	1571	1781	pow()	715	3650	10301
sqrt()	35	1117	2352	exp()	246	278	4476
log()	40	2006	4222	log10()	42	2106	4422
sin()	632	3276	3715	cos()	599	3278	3695
tan()	4249	4616	4796	asin()	346	7171	8569
acos()	814	7743	8738	atan()	1548	4310	5271
atan2()	1767	4991	6453	sinh()	2802	10773	11753
cosh()	2848	10758	11736	tanh()	10239	10894	12768

表 3-19　SMALL 内存模式下**内存块**操作耗时（单位：机器周期）

运算	最短	平均	最长	运算	最短	平均	最长
memset(10)	87	87	87	memset(100)	627	627	627
memset(1000)	6033	6033	6033	memcpy(10)	280	280	280
memcpy(100)	2260	2260	2260	memcpy(1000)	22066	22066	22066
memmove (10 with overlap)[①]	289	289	289	memmove (100 with overlap)	2269	2269	2269
memmove (1000 with overlap)	22075	22075	22075				
malloc() 99.3% 成功率	98	478	1113	free()	141	466	908

图 3-18 中第 1 行的复选框表示写往端口寄存器的值，第 2 行表示当前引脚的输入状态。可以编写程序往对应的端口写数字观察这个端口窗口的变化，也可以在端口窗口中将相应端口配置为输入状态之后修改输入寄存器的值，然后写程序读取这个值。

对传统 8051 单片机，调试器提供了 Port 0、Port1、Port2、Port3 等 4 个端口的视图。需要说明的是，这种配置引脚的输入/输出状态的方法与新型单片机（如 C8051F 系列）不完全一致，在使用前请查阅相应的产品手册和用户指南。

通过这个方法使得引脚输入状态发生变化，在仿真外部中断时也很有帮助。可以通过 GPIO 视图产生外部中断的触发信号，用于模拟真实应用场景中的电平变化或者跳动。代码 3-12 展示了一段测试代码。在进入调试状态之后打开中断视图 Peripherals, Interrupt 和

---

① overlap，交叉、重叠的意思，此处指内存块移动中源地址和目标地址有重叠。

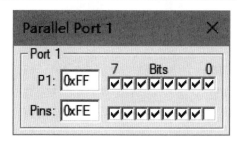

图 3-18 GPIO 外设视图

Port 3 视图 Peripherals, IO Ports ≫ Port 3 ，进行中断触发的验证（图 3-19）。

代码 3-12 GPIO 和外部中断 0 测试

```
1  #include <REGX51.H>
2
3  sbit P32 = P3^2;
4  sbit P30 = P3^0;
5  int main()
6  {
7    P30 = 0;
8    P30 = 1;
9    //  P32 = 1;
10
11   //default value=0,triggered by level;
12   //set IT0 = 1,triggered by falling edge
13   IT0 = 1;
14
15   EX0 = 1;
16
17   EA  = 1;
18   while(1)
19   {
20   }
21   return 0;
22 }
23
24 void Isr_EX0() interrupt IE0_VECTOR
25 {
26   P30 = ~P30;
27 }
```

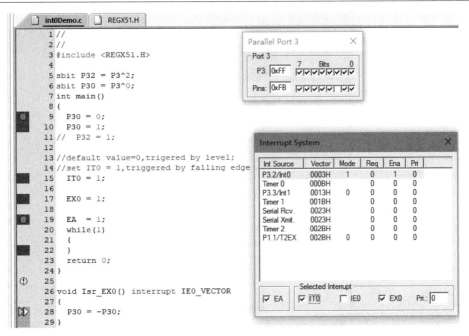

图 3‑19 GPIO 和外部中断 0 的查看与控制

（1）单步运行第 9、10 行，观察"Parallel Port3"窗口中 P30 的变化。

（2）单步运行第 15、17、19 行，观察"Interrupt System"窗口中 IT0、EX0、EA 等标志位的变化。

（3）在第 28 行设置断点，全速运行，然后点击"Parallel Port3"窗口中的 P32 的输入（位于第 2 行的复选框自右往左第 3 个），将 P32 的输入设为低电平（产生了下降沿），会发现全速运行的程序会停止在第 28 行的断点处；让单片机继续全速运行，会发现将 P32 设为高电平再设为低电平（产生下降沿）会再次进入中断。

> 问题
>
> 如果 IT0 使用默认值（=0），如何触发/控制单片机进入中断或退出中断？

2. 串口及其配置和数据的查看

在程序调试过程中，可以通过设置断点来了解处理器的瞬时状态，但这种方式需要暂停 CPU 的执行，有些场景需要连续观察（在线监测）才能实现场景复现、发现问题，这个时候就需要使用串口实时输出系统的状态信息。

在 μV 中集成了虚拟的串口设备，程序代码往串口打印的数据输出到一个记录窗口中（图 3‑13 右下角子窗口）。可以**在调试状态**通过菜单 View > Serial Windows > UART #n 或工具栏的 🖥 打开该子窗口。

单片机串口应用的一个难点是与串口关联的寄存器有那么多，配置它需涉及哪些寄存器？在调试状态通过菜单 Peripherals > Serial 打开 Serial Channel 对话框（图 3‑20），就可以快速了解和串口配置关联的寄存器以及它们的实时配置状态。可以看到此处显示的波特率和预期的波特率是基本一致的，在这个窗口更改寄存器的状态（如更改串口模式或使能/禁用收发中断）也会实际的影响串口设备的行为或状态。

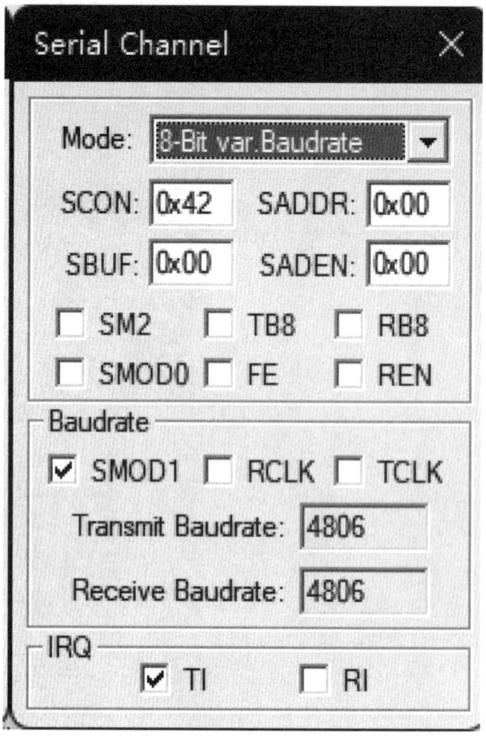

图 3 - 20 Serial 当前配置状态对话框

三、Keil μV 的虚拟逻辑分析仪

前面讲述的方法在观察 GPIO 某一刻的状态时可以非常有效，但有的时候需要观察程序连续运行的效果。这个时候就可以用上 Keil μV 集成开发环境为程序调试准备的虚拟逻辑分析仪了。

参照前面的例子构建 8051 项目（AT89S52，晶振 12MHz）后输入代码 3 - 13，编译之后进入调试状态，在第 15 行的 P1 上单击右键调出上下文菜单 Add 'P1' to ... 〉Logic Analyzer，将 P1 添加到虚拟逻辑分析仪，点击工具栏按钮 打开逻辑分析仪窗口，然后全速运行代码一段时间后暂停，就可以看到 P1 的波形图（图 3 - 21）。图中 P1 的值在 0 和 255 之间变化，跳沿之间的长度大约等于单个循环占用的时间，显示为 Delta=38.178ms，这和前面的测试（图 3 - 16）基本一致。

代码 3 - 13 用逻辑分析仪查看 printf 运行时间

```
1  #include <REG52.H>
2  #include <stdio.h>
3  void main (void) {
```

```
 4   int loop = 0x3721;
 5
 6   SCON  = 0x40;// SCON: mode 1, 8-bit UART, enable rcvr
 7   TMOD |= 0x20;// TMOD: timer 1, mode 2, 8-bit reload
 8   TH1   = 0xf3;// TH1:  reload value for 2400 baud @ 12MHz
 9   PCON |= 0x80;// Double baudrate in mode 1,2,3
10   //   Now baud rate is 4800
11   TR1   = 1;   // TR1:  timer 1 run
12   TI    = 1;   // TI:   set TI to send first char of UART
13
14   while (1) {
15     P1 = ~P1;
16     printf ("Hello World %X\n",loop++);
17   }
18 }
```

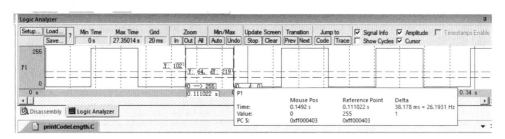

图 3 – 21　虚拟逻辑分析仪

逻辑分析仪中有 Zoom In/Out/All/Auto 等按钮用于波形水平方向的缩放，Stop 按钮可以停止波形的记录，Clear 按钮将记录的波形全部清除掉，也有水平光标和垂直光标用于显示和测量波形的幅度和频率特征，使用起来非常方便。

> **思考与实践**
>
> 设计一个实验，使用虚拟逻辑分析仪测量 10 次三角函数 sin() 函数调用耗费的时间，计算其平均值并与表3 – 18中的数据对比。
>
> 除了使用逻辑分析仪，还有哪些方法或工具可以用于评估函数的运行时间？

第八节 案例——单片机中的延时设计

延时是单片机程序设计中的一个常见的功能需求,在周期性按键查询、数码管刷新以及闹钟、SPI 或 UART 总线的模拟等场景都有应用。根据延时时间的长短,可以选择不同的延时方法。常见的有基于中断的延时和基于代码执行耗时的延时两种方式的延时技术,下面以 8051 单片机中闪灯功能的设计对两种方式进行展示。

一、基于中断的单片机延时程序的构造

中断在逻辑上与基本程序并行执行,一般而言中断程序内的代码应该很快执行完毕。8051 单片机的定时器有多种模式,在定时(计时)时间较长的时候常用模式 1(16 位定时模式)。以外接 12MHz 晶振的 AT89S52 为例,将定时器 0 配置为模式 1 并使能、启动的配置过程为:① 配置为模式 1;② 使能 TMR0 中断;③ 使能全局中断;④ 定时器 0 赋初值;⑤ 使能 TMR0。然后编写一个 TMR0 中断的服务程序,就形成了基于 TMR0 的中断程序框架(代码 3-14)。

代码 3-14 定时器 0 模式 1 中断的基本结构

```
1   #include <REGX52.H>
2
3   unsigned long g_msSys = 0;
4   //65536-1000  = 64536 = 0xFC18;
5   //65536-10000 = 45536 = 0xADF8;
6
7   void main()
8   {
9     //配置 TMR0
10    TMOD = 0x01;
11    ET0  = 1;
12    EA   = 1;
13
14    TL0 = 0x18;
15    TH0 = 0xFC;
16
```

```
17      TR0 = 1;
18
19      while(1)
20      {
21      }
22  }
23
24  void Isr_Tmr0() interrupt TF0_VECTOR
25  {
26      TL0 = 0x18;
27      TH0 = 0xFC;
28
29      g_msSys++;
30      P1_0 = !P1_0;
31  }
```

（1）程序中定义了一个全局变量 **unsigned long** g_msSys 用作系统定时器（计时器）。

程序设计中应该慎用全局变量，全局变量表示高耦合：一个地方修改，所有引用这个变量的地方都将受到影响。

程序中定时器配置为每毫秒中断一次，g_msSys采用1、2、4个字节的整型可以记录的最长时间如表3-20所示。

表3-20　1、2、4个字节的整型可以记录的最长时间

类型	字节数	最大值	最长计时（ms）	备注
unsigned char	1	255	255	约1/4s
unsigned int	2	65535	65535	约65s
unsigned long	4	4294967295	4294967295	约49.71d

1个字节和2个字节计时范围都太小，选择4字节整型可以满足大多数需求。（2）工作于模式1的定时器0的单次最大计时 65535 个机器周期约 65ms，为方便人类的使用习惯，取 1ms 或 10ms 都行。实际上因为中断例程耗时超过 25 个机器周期，取 1ms 的定时周期的话中断例程的 CPU 消耗将达 25/1000=1/40，占比太高，在应用中通常会选取 10ms 的间隔。但在该实例中，为了计算的便利，选择了 1ms。根据代码 3-14 中第 4 行的计算，在第 14、15 行对定时器设置了初值，在中断函数第 26、27 行中赋予了定时器的重装值。

> 思考
>
> 通过在第 26 行设置断点，然后全速运行程序，会发现程序运行到第 26 行时的时间间隔稍大于 1000 个机器周期。这是什么原因导致的，该如何修改程序？

（3）在第 30 行添加了 P1_0 = !P1_0;使得端口 P10 的引脚状态在每次中断时发生变化,有电路板的情况下可以通过示波器观察这个引脚来确认中断间隔(或频率);软仿真情况下就可以在 Debug 状态将变量 P1_0 添加**到虚拟逻辑分析仪**中观察其变化情况(图 3-22)。

图 3-22　定时器中断中的 P10 引脚变化

（4）P1_0、TF0_VECTOR 等在 <REGX51.H>、<REGX52.H> 中均有定义。

在已经构造了定时器中断的程序框架中如何实现延时呢?在使用中还有两种不同的程序框架:**同步(基于等待的)程序框架**和**异步(基于消息/事件驱动的)程序框架**。

1. 同步程序框架

同步,就是在执行一个任务时,总是等待一个步骤完成之后再进行下一个步骤。对单片机闪灯任务而言,仔细分析之后会发现单次闪灯可拆解为下面 4 个步骤:

（1）设置一种状态 S1(如亮)。
（2）等待一段时间 t1。
（3）切换为另一种状态 S2(如灭)。
（4）再等待一段时间 t2。

往复循环上面的步骤,就可以实现单片机的闪灯了。

在上面的 4 个步骤中,步骤(1)、(3)是瞬间完成,步骤(2)、(4)需要一小段时间——这里所谓的同步就是执行步骤(2)、(4)中的延时函数只在经过指定的时间后才返回,此时延时函数工作于阻塞状态。

代码 3-15 给出了该方案中延时函数的一种实现,其思路是记录当前时间,计算出等待结束的时间,然后不停查询是否超时:超时就进入下一个流程,否则一直查询并等待。

代码 3-15　利用系统 TICK 的查询延时

```
1  void delay_ms(unsigned int ms)
2  {
3    unsigned long t1 = g_msSys+ms;
4
5    while( g_msSys<t1 );
6  }
```

用该方法构建一个闪灯程序,设需要 P2_0 高电平控制灯亮 3ms,低电平控制灯灭 5ms。整合框架和延时,就得到代码 3-16。将该代码编译、调试,在第 28、30 行设置断点,打开端口外设,运行,然后留意图 3-14 中左侧的寄存器和系统信息子窗口的 states 值以及外设的 Port 2（图 3-19 上中的 Parallel Port 子窗口），检验程序运行是否符合预期（图 3-23）。

代码 3-16　基于定时器中断的单闪灯程序

```c
#include <REGX52.H>

unsigned long g_msSys = 0;
//65536-1000  = 64536 = 0xFC18;
//65536-10000 = 45536 = 0xADF8;

void delay_ms(unsigned int ms)
{
  unsigned long t1 = g_msSys+ms;

  while( g_msSys<t1 );
}

void main()
{

  TMOD = 0x01;
  ET0  = 1;
  EA   = 1;

  TL0 = 0x18;
  TH0 = 0xFC;

  TR0 = 1;

  while(1)
  {
    P2_0 = 1;
    delay_ms(3);
    P2_0 = 0;
    delay_ms(5);
  }
}

void Isr_Tmr0() interrupt TF0_VECTOR
```

```
36  {
37      TL0 = 0x18;
38      TH0 = 0xFC;
39
40      g_msSys++;
41      P1_0 = !P1_0;
42  }
```

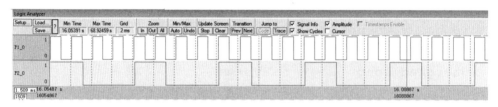

图 3-23　单灯闪烁的程序系统心跳和控制信号

2. 异步程序框架

上述代码结构仅在需要控制一个 LED 时可行，如果有多个不同亮灭周期的 LED 需要控制，且 LED 的闪烁节奏各不相同时，上述程序结构就无法工作了。看一个包含 4 个 LED 周期闪烁的需求：

(1)　LED0 亮 3ms，灭 5ms。
(2)　LED1 亮 2ms，灭 6ms。
(3)　LED2 亮 7ms，灭 3ms。
(4)　LED3 亮 5ms，灭 7ms。

此处每个 LED 的亮灭控制代表着实际应用中的一个任务，这些任务可能不同，这里用的不同的 LED 闪烁节奏来模拟这些任务的执行。

这种情况就需要为每个 LED **赋予记忆功能**：记住自己下一次需要采取行动（变为亮或者灭）的时间。用 P2_0、P2_1、P2_2、P2_3 代表 4 个 LED，代码 3-17 展示了这一方法，实现了多个任务的**伪并行执行**（图 3-24）。

代码 3-17　基于定时器中断的多灯闪烁

```
1  //
2  //
3  #include <REGX52.H>
4
5  unsigned long g_msSys = 0;
6  //65536-1000  = 64536 = 0xFC18;
7  //65536-10000 = 45536 = 0xADF8;
```

```c
 8
 9  void pollLed0()
10  {
11    const char code on  = 3;
12    const char code off = 5;
13
14    static unsigned long tNextToggle = 3;
15
16    if(g_msSys<tNextToggle) return;
17
18    if( P2_0 ){ P2_0 = 0;tNextToggle+=off;}
19    else       { P2_0 = 1;tNextToggle+=on;}
20  }
21
22  void pollLed1()
23  {
24    const char code on  = 2;
25    const char code off = 6;
26
27    static unsigned long tNextToggle = 2;
28
29    if(g_msSys<tNextToggle) return;
30
31    if( P2_1 ){ P2_1 = 0;tNextToggle+=off;}
32    else       { P2_1 = 1;tNextToggle+=on;}
33  }
34
35  void pollLed2()
36  {
37    const char code on  = 7;
38    const char code off = 3;
39
40    static unsigned long tNextToggle = 7;
41
42    if(g_msSys<tNextToggle) return;
43
44    if( P2_2 ){ P2_2 = 0;tNextToggle+=off;}
45    else       { P2_2 = 1;tNextToggle+=on;}
```

```c
46  }
47
48  void pollLed3()
49  {
50    const char code on  = 5;
51    const char code off = 7;
52
53    static unsigned long tNextToggle = 5;
54
55    if(g_msSys<tNextToggle) return;
56
57    if( P2_3 ){ P2_3 = 0;tNextToggle+=off;}
58    else      { P2_3 = 1;tNextToggle+=on; }
59  }
60
61  void main()
62  {
63
64    TMOD = 0x01;
65    ET0  = 1;
66    EA   = 1;
67
68    TL0 = 0x18;
69    TH0 = 0xFC;
70
71    TR0 = 1;
72
73    while(1)
74    {
75      pollLed0();
76      pollLed1();
77      pollLed2();
78      pollLed3();
79    }
80  }
81
82  void Isr_Tmr0() interrupt TF0_VECTOR
83  {
```

```
84    TL0 = 0x18;
85    TH0 = 0xFC;
86
87    g_msSys++;
88    P1_0 = !P1_0;
89  }
```

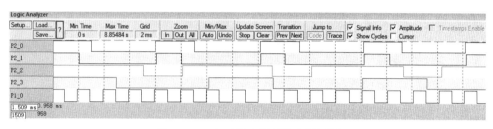

图 3 – 24 定时器中断下的多灯闪烁

在代码 3 – 17 中，构造了一个系统定时器，然后在主程序 main() 函数中不停的查询 4 个同构的任务：

（1）函数 void pollLedx() 中的变量 tNextToggle 表示了 LEDx 的记忆，只有时间到了 tNextToggle，LEDx 才需要进行下一步的操作。

（2）各个 LED 的操作具有类似的结构，也意味着程序具有很好的扩展性，如果有更多的 LED，构造好相应的任务添加到主函数的 while(){} 循环中即可。

（3）函数 void pollLedx() 中 if(g_msSys<tNextToggle) return; 后的代码代表需要执行的任务，通常会有多行代码（或者说需要执行具体任务需要较多时间），但仅在满足时间需求之后才需要被执行。

这种构造多任务的思路也称为**事件驱动** (event driven) 或**消息驱动**（message driven）结构，即任务代码仅在发生某个事件或收到某个消息时才实际执行。在这个示例中，即各个任务在等待一段时间后、当发生超时事件或收到超时消息时才执行。

另一种思路是将 LEDx 的操作代码都放到 TMR0 中断中（上述方式如何实现？请编写相应的代码并测试）。这种方法在用于各个任务的具体执行耗时较短的时候（比方说仅仅是单片机引脚状态切换）可行，但是如果任务本身耗时较多（如需要大量计算）则会破坏"**中断仅用于处理紧急、短小的任务**"这一规则。

二、基于代码执行的延时函数的构造

前面讲解了如何用系统定时器构建较长时间的等待，实现常规代码与中断代码的（伪）并行执行，提高 CPU 的利用率。在实际应用中，一些顺序执行的操作之间需要较短的延时操作，这些延时可能只有几微秒或几十微秒，如实现软件仿真的串口时序、DS18B20 的 1-Wire 时序等。这个延时的间隙很短，进行任务调度用于执行其他任务收益不大，而使用前述定时器中断进行延时又要耗费一个定时器，而且降低了代码的可移植性（需要进行定时器的初始化和共享的安排）。此时常用代码执行延时的延时方案。

代码执行延时是利用代码的执行会耗时这一特点，通过重复执行一个代码片段来构建不同的延时长度，总的延时长度通过改变重复次数来实现。代码3-18展示了这一方案的代码结构，函数delay()的运行时间可以表示为：$t = N*T + C$，其中，C是进入函数、初始化和退出函数的耗时；N是循环的次数；T是每次循环的耗时；t是函数执行所需时间。

代码3-18　指令执行延时函数的结构

```
1  void delay(int N)
2  {
3    int i = 0;
4
5    for(i=0;i<N;i++ ){
6      //do something here
7    }
8  }
```

根据代码分析T和C还是比较挑战的任务，但是考虑到$t = N*T + C$表现出来的线性关系，将N赋以两个不同的值，用前面介绍的方法测量出函数void delay(int t)在两种情况下的耗时t（机器周期数），就可以计算出T和C的值了。

计算出T和C的值之后，就需要进一步通过添加指令或者优化指令来修改C和T的值。在**#include** <intrins.h>中有一个特殊的"函数"**void** _nop_ **(void)**[①]，它的运行占用的CPU时间恰好是一个机器周期，也是通过指令延时能够实现的最短时间。通常大家习惯每个周期的时间T是10、20等类似的整数，可以通过添加合适数量的_nop_()来凑整。

```
1   #include <intrins.h>
2
3   void delay(int t)
4   {
5     int i = 0;
6     //add some _nop_() here to tune C
7     _nop_();
8     for(i=0;i<t;i++ ){
9       //add some nop here to tune T
10      _nop_();
11    }
```

---

① _nop_()属于特殊的内置"函数"，本质上是一条宏。实际的效果是被编译器用汇编语言的NOP指令替换。NOP即no operation的意思，表示什么也不做，仅仅起到占位的作用，它的执行时间就是1个机器周期。

12 | `}`

根据上面的分析,构造出新的测试代码 3 – 19,在调试状态单步跟踪运行主程序内的 while 循环中的各条指令,记下各条指令运行前的机器状态数,用注释直接附在代码后面。

代码 3 – 19 指令执行延时函数构造初探

```c
//
//
#include <intrins.h>
#include <REGX51.H>

void delay(int N);
void delayX1(int N);
void delayX2(int N);
void main()
{
  while(1)
  {
    P1_0 = 0;      //t0      dt0      ddt0
    delay(2);      //390     52
    delay(3);      //442     68       16
    delay(4);      //510     84       16
    delay(5);      //594     100      16
    delay(6);      //694     116      16
    delayX1(2);    //810     54
    delayX1(3);    //864     71       17
    delayX1(4);    //935     88       17
    delayX1(5);    //1023    105      17
    delayX1(6);    //1128    122      17
    delayX2(2);    //1250    56
    delayX2(3);    //1306    74       18
    delayX2(4);    //1380    92       18
    delayX2(5);    //1472    110      18
    delayX2(6);    //1582    128      18
    P1_0 = 1;      //1710
  }
}
```

```
33  void delay(int N)
34  {
35    int i;
36    for(i=0;i<N;i++ ){
37      //do something here
38    }
39  }
40
41  void delayX1(int N)
42  {
43    int i;
44    for(i=0;i<N;i++ ){
45      _nop_();
46    }
47  }
48
49  void delayX2(int N)
50  {
51    int i;
52    for(i=0;i<N;i++ ){
53      _nop_();
54      _nop_();
55    }
56  }
```

t0 各行**执行之前**的机器状态数。

dt0 各行执行所耗时间,等于下一条指令执行之前的机器状态数—当前行执行之前的机器状态数。

ddt0 当前行的指令执行时间与前一条指令执行时间的差。

对程序结构和运行流程进行简单分析,会发现代码的运行状态数很有规律,符合预期**的线性增长趋势**。

(1) delay(2) 耗时 442 − 390 = 52;delay(3) 耗时 510 − 442 = 68,即对二元一次方程组 $t = N * T + C$ 中的 N 和 t,有如表3 − 21所示的变化关系。

表 3 − 21 循环次数与耗时

变量	测量1	测量2	测量3	测量4	测量5
N	2	3	4	5	6
t	52	68	84	100	116

根据测量 1 和测量 2 的数据解方程可以算出 $T=16, C=20$,用计算的 T、C 推算 delay(4) 耗时 84,delay(5) 耗时 100,delay(6) 耗时 116,与测试值相符。

$T=16$ 意味着相应的 delay 函数的时间递增阶梯最小是 16 个机器周期,也就是 16us;考虑到工程计算习惯,会通过增加 _nop_() 将时间递增阶梯调整为 20 个机器周期。这个值偏大,后面会介绍优化措施。

(2) 随着 N 的增加,各类函数的运行时间也是线性增加的。

(3) 在 delay()、delayX1()、delayX2() 的循环中,从 ddt0 列的数据可以看出,每增加一条 _nop_() 函数,单次循环的耗时增加 1,和 nop 指令耗时 1 个指令周期相吻合。

在前面分析和测试中发现,单次循环的最小周期达 16T,从而导致按照工程习惯的话最小延时阶梯将达到 20T。如何减小这个阶梯呢?在单片机 C 语言中对循环进行速度优化的一个策略就是将循环变量的操作由递增改为递减(代码 3 - 20)。

代码 3 - 20　指令执行延时函数循环递增递减的比较

```
1  //delayCompare.c
2  //
3  #include <intrins.h>
4  #include <REGX51.H>
5
6  void delayInc(int N)
7  {
8    int i;
9
10   for(i=0;i<N;i++ ){
11     //do something here
12   }
13 }
14
15 void delayDec(int N)
16 {
17   int i;
18
19   for(i=N;i;i-- ){
20     //do something here
21   }
22 }
23
24
25 void main()
```

```
26   {
27      while(1)
28      {
29         P1_0 = 0;        // t0    dt0    ddt0
30         delayInc(2);     // 390
31         delayInc(3);     // 442   52
32         delayInc(4);     // 510   68     16
33         delayInc(5);     // 594   84     16
34         delayInc(6);     // 694   100    16
35
36         delayDec(2);     // 810   116    16
37         delayDec(3);     // 836   26
38         delayDec(4);     // 870   34     8
39         delayDec(5);     // 912   42     8
40         delayDec(6);     // 962   50     8
41         P1_0 = 1;        //1020   58     8
42      }
43   }
```

为什么递减会比递增运行速度更快呢？主要原因是 for() 循环中循环终止的条件判断语句 i（等价于 i!=0）比 i<N 有更高的执行效率，而根本原因是汇编语言中的对一个值是否是零有直接的指令，而比较两个值的大小需要先进行减法再判断结果。

在调试状态经过跟踪、统计，会发现这种情况下的最小循环耗时减小到了 8T，从而可以通过添加两条 _nop_() 指令构造 10T 的时间递增阶梯。

习　题

1. 中国有哪些单片机的生产商，它们生产哪些型号的单片机，这些单片机有什么特色，它们的开发环境是什么。
2. 你用过哪些单片机，它们的主要参数指标是怎样的？
3. 编写程序，测试 sin() 的执行时间，并和表 3-18 的结果对照检验。
4. 编写一段程序，用代码延时的方法控制单片机的 P2_1 重复实现高电平 $3\mu s$、低电平 $27\mu s$。在 Keil μV 中通过观察 states 值和逻辑分析仪验证设计结果。
5. 编写一段程序，用中断提供系统节拍（节拍时长记作 T，此处设 1T=1ms），用单片机的 P2_1、P2_2、P2_3、P2_4 等引脚代表不同的任务，实现下面的 LED 控制逻辑：

（1） P2_1 亮 3T、灭 4T；重复循环。
（2） P2_2 亮 5T、灭 7T；重复循环。
（3） P2_3 亮 7T、灭 1T；重复循环。
（4） P2_4 亮 2T、灭 1T，再亮 3T，灭 3T；重复循环。
6. *将上一题的系统节拍设为 100ms，在上述 4 项任务执行的同时通过串口持续输出 4 个引脚的实时状态。

第四章　实时操作系统 RTX51 Tiny 入门

操作系统的类型非常多样，不同机器安装的操作系统可从简单到复杂，从早期大型机的专用操作系统到后来的 PC 操作系统，再到用于移动电话和门禁、贩卖机等的嵌入式操作系统以及现在遍地开花的物联网操作系统和诸多实时操作系统，发展非常迅猛。本章将在阐述操作系统一般知识的基础上，对 Keil 公司的 RTX51 Tiny 这一款运行在 MCS-51 单片机上的实时操作系统进行介绍，并展示如何用 RTX51 Tiny 在 MCS-51 单片机上构建相对复杂的应用程序。

学习目标

- 了解操作系统的发展历史
- 了解操作系统的基本概念
- 理解操作系统的进程调度
- 理解 RTX51 Tiny 的工作原理
- 学会应用 RTX51 Tiny 编写任务复杂的程序
- 学会在 Keil μV 环境中编写和调试 RTX51 Tiny 程序

第一节　操作系统定义

操作系统（operating system，OS）是一组主管并控制计算机操作、运用和运行硬件、软件资源，以及提供公共服务来组织用户交互的相互关联的系统软件程序，同时也是计算机系统的内核与基石。操作系统需要处理如管理与配置内存、决定系统资源供需的优先次序、控制输入与输出设备、操作网络与管理文件系统等基本事务。操作系统通常也提供一个让用户与系统交互的操作界面（图 4-1）。

操作系统的类型繁多，各种操作系统涵盖的范畴也不尽一致。例如，有些操作系统集成了图形用户界面，而有些仅使用命令行界面，并将图形用户界面视为一种非必要的应用

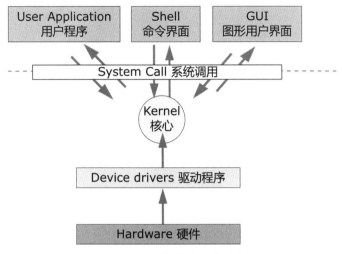

图 4-1 计算机的操作系统

程序；有些操作系统对事件的响应时间要求高，而有些操作系统则着重关注资源占用少和功耗小。

操作系统理论在计算机科学中，为历史悠久且又活跃的分支；而操作系统的设计与实现则是软件工业的基础与内核。

第二节　历　史

综观计算机之历史，操作系统与计算机硬件的发展息息相关。操作系统的本意原为提供简单的**工作排序**能力，后为辅助更新更复杂的硬件设施而渐渐演化。从最早的**批处理模式**开始，分时机制也随之出现，在多处理器时代来临时，操作系统也随之添加多处理器协调功能，甚至是**分布式**系统的协调功能。其他方面的演变也类似于此。另外，个人计算机的操作系统沿袭大型机的成长之路，在硬件越来越复杂、强大时，也逐步实现了以往只有大型机才有的功能（图 4-2）。

操作系统的历史就是一部解决计算机系统需求与问题的历史。

一、20 世纪 80 年代前

第一部电脑并没有操作系统。这是由于早期电脑的创建方式（如同建造机械算盘）与性能不足以执行如此程序。但 1947 年晶体管的发明，以及莫里斯·威尔克斯微程序方法的发明，使得电脑不再是机械设备，而是电子产品。系统管理工具以及简化硬件操作流程的程序很快就出现了，且成为操作系统的起源。到了 20 世纪 60 年代早期，商用电脑制造商

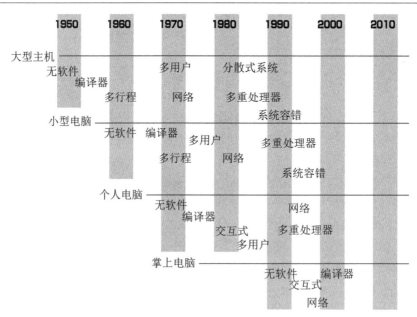

图 4-2 操作系统的发展

制造了**批处理**系统，此系统可将工作的配置、调度以及执行序列化。这个阶段，厂商为每一台不同型号的电脑创造不同的操作系统，因此为某电脑而写的程序无法移植到其他电脑上执行，即使是同型号的电脑也不行。

1963 年，奇异公司与贝尔实验室合作的用 PL/I 语言创建的 Multics 是激发 20 世纪 70 年代众多操作系统创建的灵感来源，以AT&T 贝尔实验室的丹尼斯·里奇与肯·汤普逊所创建的 Unix 系统最为突出。为了实践平台移植能力，该操作系统在 1973 年由 C 语言重写。另一个广为市场采用的小型计算机操作系统是 VMS。

1964 年，IBM System/360 推出一系列用途与价位都不同的大型机（图 4-3），这些大型机都共享代号为 OS/360 的操作系统（而非每种产品都需量身订做操作系统）。让单一操作系统适用于整个系列的产品是 System/360 成功的关键，且实际上 IBM 目前的大型系统便是此系统的后裔，为 System/360 所写的应用程序依然可以在现代的 IBM 机器上运行。

OS/360 还包含另一个优点，即拥有永久储存设备——硬盘（IBM 称为 DASD）。另一个关键是**分时**概念的建立，将大型机珍贵的时间资源适当地分配到所有用户身上。分时也让用户有独占整部机器的感觉，而 Multics 的分时系统是目前众多新操作系统中实践此观念最成功的系统。

二、20 世纪 80 年代

第一代微型计算机并不像大型机或小型电脑，没有装设操作系统的需求或能力。它们只需要最基本的操作系统，通常这种操作系统都是从 ROM 读取的，此种程序被称为监控程序（monitor）。20 世纪 80 年代，家用电脑开始普及。此时的电脑通常拥有 8 个字节的处

图 4-3　IBM System/360，大型主机的经典之作

理器和 64KB 存储器、显示器、键盘以及低音质喇叭。而 20 世纪 80 年代早期最著名的套装电脑为使用微处理器 6510（6502 芯片特别版）的 Commodore C64。该电脑没有操作系统，而是以一 8KB 只读存储器 BIOS（basic input output system，基本输入输出系统）初始化彩色显示器、键盘以及软盘驱动器和打印机。它可通过 8KB 只读存储器 BASIC 语言直接操作 BIOS，并依此撰写程序，大部分是游戏程序。此 BASIC 语言的解释器勉强可算是此电脑的操作系统，当然就没有内核或软硬件保护机制了。此电脑上的游戏大多跳过 BIOS 层次，直接控制硬件。

早期最著名的磁盘启动型操作系统是 CP/M，它支持许多早期的微电脑。最早期的 IBM PC 架构类似 C64（表 4-1）。当然它们也使用了 BIOS 以初始化与抽象化硬件的操作，甚至也附了一个 BASIC 解释器。但是它的 BASIC 优于其他公司产品的原因在于它的可携性，并且兼容于任何符合 IBM PC 架构的机器上。这样的 PC 可利用 Intel-8088 处理器（16-bit 寄存器）寻址，并最多可有 1MB 的存储器，然而该存储器最初只有 640KB。软式磁盘驱动器取代了过去的磁带机，成为新一代的存储设备，并可在它 512KB 的空间上读写。为了支持更进一步的文件读写概念，诞生了磁盘操作系统（disk operating system，DOS），此操作系统可以合并任意数量的扇区，因此可以在一张磁盘片上放置任意数量与大小的文件，文件之间以文件名区别。当时 IBM 并没有很在意 DOS，因此他们以向外部公司购买的方式获取操作系统。1980 年微软公司获取了与 IBM 的合约，并且收购了一家公司出产的操作系统，在将其修改后以 MS-DOS 的名义出品，此操作系统可以直接让程序操作 BIOS 与文件系统。到了 Intel-80286 处理器的时代，才开始实现基本的存储设备保护措施。其后，MS-DOS（表 4-2）成为了 IBM PC 上面最常用的操作系统（IBM 自己也有推出 DOS，称为 IBM-DOS 或 PC-DOS）。MS-DOS 的成功使得微软成为世界上最赚钱的公司之一。

表 4-1　家用计算机 C64 的抽象架构

简单应用程序	机器语言（游戏直接操作）
8KB BASIC ROM	
8KB ROM-BIOS	
硬件（中央处理器、存储设备等）	

表 4-2　MS-DOS 在个人计算机上的抽象架构

简单应用程序（Shell script、文本编辑器）	
MS-DOS（文件系统）	
BIOS（驱动程序）	
硬件（中央处理器、存储设备等）	

另一个于 20 世纪 80 年代崛起的操作系统当数 Mac OS，此操作系统紧紧与 Mac 计算机捆绑在一起。当时一位施乐的员工 Dominik Hagen 访问了苹果计算机的史蒂夫·乔布斯，并且向他展示了施乐发展的图形用户界面。史蒂夫·乔布斯惊为天人，并打算向施乐帕罗奥多研究中心购买此技术，但该中心并非商业单位而是研究单位，因此回绝了这项买卖。在此之后苹果公司一致认为个人计算机的未来必定属于图形用户界面，因此也开始发展自己的图形化操作系统。

三、20 世纪 90 年代

延续 20 世纪 80 年代的竞争，20 世纪 90 年代出现了许多影响未来个人计算机市场的操作系统。由于图形用户界面日趋繁复，操作系统的能力也越来越复杂与巨大，因此强韧且具有弹性的操作系统就成了迫切的需求。此年代是许多套装类的个人计算机操作系统互相竞争的时代。

苹果计算机由于旧系统的设计不良，使得其后继发展不力，苹果公司决定重新设计操作系统。经过许多失败的项目后，苹果公司于 1997 年发布新操作系统——Mac OS X 的测试版，而后推出正式版且获取了巨大的成功，让原先失意离开苹果的史蒂夫·乔布斯风光再现（图 4-4）。

除了商业主流的操作系统外，从 20 世纪 80 年代起在开放源代码的世界中，BSD 系统也发展了非常久的一段时间，但在 20 世纪 90 年代由于它与 AT&T 的法律争端，使得远在芬兰赫尔辛基大学的另一股开源操作系统——Linux 兴起。Linux 内核是一个标准 POSIX 内核，其血缘可算是 Unix 家族的一支。Linux 与 BSD 家族都是搭配 GNU 项目发展的应用程

图 4-4　Apple I 计算机的主板，苹果计算机的第一代产品

序，但是由于使用许可证以及其他历史因素的影响下，Linux 获取了相当可观的开源操作系统市场占有率，而 BSD 则小得多。相较于 MS-DOS 的架构，Linux 除了拥有傲人的可移植性外（相较于 Linux，MS-DOS 只能运行在 Intel CPU 上），它也是一个分时多进程内核，具有良好的存储器空间管理性能（普通的进程不能访问内核区域的存储器），想要访问任何非自己的存储器空间的进程只能透过系统调用来达成（图 4-5）。一般进程是处于用户态（user mode）下，而运行系统调用时会被切换成内核态（kernel mode），所有的特殊指令只能在内核态运行，此措施让内核可以完美管理系统内部与外部设备，并且拒绝无权限的进程提出的请求。因此理论上任何应用程序运行时的错误，都不可能让系统崩溃。

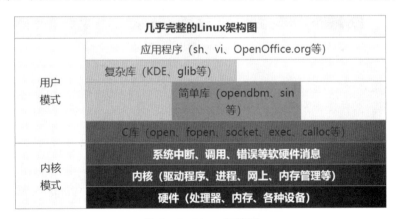

图 4-5　Linux 架构图

另外，微软对于更强力的操作系统呼声的回应便是于 1993 年面世的 Windows NT。

1983 年开始微软就想要为 MS-DOS 建构一个图形化的操作系统应用程序，称为 Windows（有人说这是比尔·盖茨被苹果的 Lisa 计算机上市所刺激）。一开始 Windows 并不是一个操作系统，只是一个应用程序，其背景还是纯 MS-DOS 系统，这是由于当时的 BIOS 设计以及 MS-DOS 的架构不甚良好。在 20 世纪 90 年代初，微软与 IBM 的合作破裂，它从 OS/2（早期为命令行模式，后来成为一个技术优秀但是曲高和寡的图形化操作系统）项目中抽身，在 1993 年 7 月 27 日推出 Windows 3.1（一个以 OS/2 为基础的图形化操作系统），并在 1995 年 8 月 15 日推出 Windows 95。此时的 Windows 系统依然是创建在 MS-DOS 的基础上，不过微软在这同时也在开发不依赖于 DOS 的 NT 系列 Windows 系统，并在后来完全放弃了 DOS 而转向 NT 作为 Windows 的基础。

图 4-6 为 Windows NT 系统的架构。在硬件层次结构之上，有一个由微内核直接接触的硬件抽象层（HAL），而不同的驱动程序以模块的形式挂载在内核上执行。因此微内核可以使用诸如输入输出、文件系统、网络、信息安全机制与虚拟内存等功能，而系统服务层提供所有统一规格的函数调用库，可以统一所有子系统的实现方法。尽管 POSIX 与 OS/2 对于同一件服务的名称与调用方法差异甚大，它们一样可以无碍地实现于系统服务层上。在系统服务层之上的子系统，全都是用户态，因此可以避免用户程序执行非法行动。

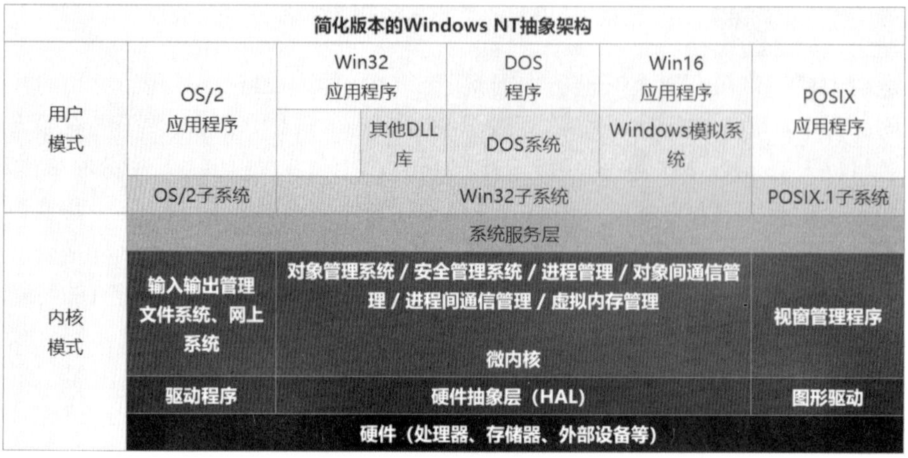

简化版本的Windows NT抽象架构					
用户模式	OS/2应用程序	Win32应用程序	DOS程序	Win16应用程序	POSIX应用程序
		其他DLL库	DOS系统	Windows模拟系统	
	OS/2子系统	Win32子系统			POSIX.1子系统
内核模式	系统服务层				
	输入输出管理文件系统、网上系统	对象管理系统 / 安全管理系统 / 进程管理 / 对象间通信管理 / 进程间通信管理 / 虚拟内存管理			视窗管理程序
		微内核			
	驱动程序	硬件抽象层（HAL）			图形驱动
	硬件（处理器、存储器、外部设备等）				

图 4-6　Windows NT 系统的架构图

子系统架构第一个实现的子系统群当然是以前的微软系统。DOS 子系统将每个 DOS 程序当成一进程运行，并以个别独立的 MS-DOS 虚拟机承载其运行环境。另外一个是 Windows 3.1 模拟系统，实际上它是在 Win32 子系统下运行的 Win16 程序。因此达到了安全掌控为 MS-DOS 与早期 Windows 系统所撰写的旧版程序的能力。然而此架构只在 Intel 80386 处理器及后继机型上实现，那么某些会直接读取硬件的程序，如大部分的 Win16 游戏，就无法套用这套系统，因此很多早期游戏无法在 Windows NT 上运行。Windows NT 有 3.1、3.5、3.51 与 4.0 版。Windows 2000 是 Windows NT 的改进系列（事实上是 Windows NT 5.0）、Windows XP（Windows NT 5.1）以及 Windows Server 2003（Windows NT 5.2）与 Windows Vista（Windows NT 6.0）也都立足于 Windows NT 的架构。

而此时渐渐增长并越趋复杂的嵌入式设备市场也促使嵌入式操作系统的成长。

四、今日

现代操作系统通常都有一个使用绘图设备的图形用户界面（GUI），并附加如鼠标、触控面板等有别于键盘的输入设备。旧的 OS 或性能导向的服务器通常不会有如此亲切的接口，而是以命令行界面（CLI）加上键盘为输入设备。以上两种接口其实都是所谓的壳，其功能为接受并处理用户的指令（如按下一按钮，或在命令提示列上键入指令）。

Shell（也称为壳层）在计算机科学中指"为用户提供用户界面"的软件，通常指的是命令行界面的解析器。一般来说，这个词是指操作系统中提供访问内核所提供之服务的程序。Shell也用于泛指所有为用户提供操作界面的程序，也就是程序和用户交互的层面。因此与之相对的是内核（kernel），内核不提供和用户的交互功能。

不过这个词也拿来指应用软件，或是任何在特定组件外围的软件。例如浏览器或电子邮件软件是 HTML 排版引擎的 Shell。

壳层（shell）这个说法由路易斯·普赞（Louis Pouzin）在 1964—1965 年间首次提出，随后在 Multics（multiplexed information and computing system）项目中首次被实现出来。

通常将 shell 分为命令行和图形界面两类。命令行壳层提供一个命令行界面（CLI）；而图形界面壳层提供一个图形用户界面（GUI）。

第三节　操作系统应用现状

计算机现在通常指能够执行计算的通用电子计算设备，快至 442 PFLOPS/s[1][2]，慢的主频只有几十千赫兹。目前，计算机根据应用场景大致分为大型机、桌面机、平板、手机和嵌入式计算机等几类，使用的操作系统互有交叉。

操作系统和运行操作系统的计算机之间有紧密的联系，但又不是泾渭分明。有的计算机可以运行不同的操作系统，同一个操作系统（或其变种）也可以运行在多种计算机上。通常，选择要安装的操作系统通常与计算机的硬件架构以及应用场景有很大关系。对用户交互要求较高的计算机的操作系统通用性要求高，品类相对集中；而交互要求不高的嵌入式应用，往往使用相对简单的定制操作系统，但随着 IoT 的普及也有往几个品类集中的趋势。

后面从操作系统在计算机上的使用情况和计算机上使用的操作系统的角度分别对当前的主流操作系统、主流计算机进行介绍。

一、主流操作系统

桌面操作系统，即在人们日常工作的桌面上工作的计算机操作系统，这些计算机即日常使用的台式机和笔记本电脑，它们上面运行的操作系统有类 Unix 系统、微软 Windows 和苹果 MacOS。

---

[1] 截至 2022 年 4 月，世界上最快的大型计算机是位于日本神户的 RIKEN 计算科学中心的 Fugaku 超级计算机。它由富士通制造，442 PFLOPS/s，拥有 7630848 个内核，不仅在每秒计算量方面名列榜首，而且在该项目评判超级计算机的所有四个类别中都名列前茅。据理研实验室称，Fugaku 还拥有所有计算机中最多的内核、最高的理论峰值计算性能和最高的功率容量。

[2] FLOPS 是 floating point operations per second(每秒所执行的浮点运算次数) 的英文缩写。它是衡量一个电脑计算能力的标准。P 是国际单位制词头，1P= 10^{15}。1PFLOPS 等于 1 千兆次浮点指令。

1. 类 Unix 系统

所谓的类 Unix 家族指的是一族种类繁多的 OS，此族包含了 System V、BSD 与 Linux。由于 Unix 是 The Open Group 的注册商标，特指遵守此公司定义的行为的操作系统。而类 Unix 通常指的是比原先的 Unix 包含更多特征的 OS。

类 Unix 系统可在非常多的处理器架构下运行，在服务器系统上有很高的使用率，如大专院校或工程应用的工作站。

1991 年，芬兰学生林纳斯·托瓦兹根据类 Unix 系统 Minix 编写并发布了 Linux 操作系统内核，其后在理查德·斯托曼的建议下以 GNU 通用公共许可证发布，成为自由软件 Unix 变种。Linux 近年来越来越受欢迎，它们也在个人桌面计算机市场上大有斩获，如 Ubuntu 系统。

某些 Unix 变种，如惠普的 HP-UX 以及 IBM 的 AIX 仅设计用于自家的硬件产品上，而 SUN 的 Solaris 可安装于自家的硬件或 x86 计算机上。苹果计算机的 Mac OS X 是一个从 NeXTSTEP、Mach 以及 FreeBSD 共同派生出来的微内核 BSD 系统，此 OS 取代了苹果计算机早期非 Unix 家族的 Mac OS。

经历数年的披荆斩棘，自由开源的 Linux 系统逐渐蚕食以往专利软件的专业领域。例如以往计算机动画运算巨擘——硅谷图形公司（SGI）的 IRIX 系统已被 Linux 家族及贝尔实验室研发小组设计的九号项目与 Inferno 系统取代，它们皆用于分散表达式环境，但并不同于其他 Unix 系统，它们选择内置图形用户界面。九号项目原先并不普及，因为它刚推出时并非自由软件，后来改在自由及开源软件许可证 Lucent Public License 发布后，便开始拥有广大的用户及社群。Inferno 已被授予 Vita Nuova 并以 GPL/MIT 许可证发布。

大型机的操作系统，从早期的以 Unix 为主逐渐发展为 Linux 一枝独秀。

2. 微软 Windows

Microsoft Windows 系列操作系统是在微软给 IBM 机器设计的 MS-DOS 的基础上设计的图形操作系统。现在的 Windows 系统，如 Windows 2000、Windows XP 皆是创建于现代的 Windows NT 内核。NT 内核是从 OS/2 和 OpenVMS 等系统上借用来的。Windows 可以在 32 位、64 位的 Intel 和 AMD 的处理器上运行，但是早期的版本也可以在 DEC Alpha、MIPS 与 PowerPC 架构上运行。

虽然人们对于开放源代码操作系统兴趣的提升，使得 Windows 的市场占有率有所下降。但至 2018 年 9 月，Windows 操作系统在世界范围内占据了桌面操作系统 81.76% 的市场。

Windows 系统也被用在低级和中阶服务器上，并且支持网页服务、数据库服务等一些功能。微软花费了很多的研发经费用于使 Windows 拥有能运行企业大型程序的能力。

Windows XP 在 2001 年 10 月 25 日发布，2004 年 8 月 24 日发布 Service Pack 2，2008 年 4 月 21 日发布 Service Pack 3。

Windows Vista（开发代码为 Longhorn）于 2007 年 1 月 30 日发布。Windows Vista 增加了许多功能，尤其是系统的安全性和网上管理功能，并且其拥有接口华丽的 Aero Glass。但是整体而言，它在全球市场上的口碑却并不是很好。

其后继者 Windows 7 则是于 2009 年 10 月 22 日发布，Windows 7 改善了 Windows Vista 为人诟病的性能问题，相较于 Windows Vista，在同样的硬件环境下，Windows 7 的表现较

Windows Vista 更好。

Windows 10 在 2015 年 7 月 29 日正式发布，并且解决了 Windows 8 中用户界面设计的缺陷。Windows 10 的改变包括传统开始菜单的回归、全新的虚拟桌面系统，以及可以窗口化运行的 Windows Store 应用。

最新的 Windows 11 于 2021 年 10 月 5 日正式发布，并且给符合 Windows 11 最低硬件需求的 Windows 10 用户提供免费升级服务。

Windows 在桌面操作系统市场之中有统治性的地位，占了约 90%(据 2022 年 4 月 StatCounter 数据)，遥遥领先其他竞争对手（如 Mac OS、Linux 等）；但其移动操作系统如 Windows Phone 及 Windows Mobile 等则大幅落后于其他移动操作系统（如 Android、iOS 等），并失去了该领域大量的市场。

3. 苹果 Mac OS

Mac OS，前称"Mac OS X"或"OS X"，是一套运行于苹果 Macintosh 系列计算机上的操作系统。Mac OS 是首个在商用领域成功的图形用户界面系统。Macintosh 开发成员包括比尔·阿特金森（Bill Atkinson）、杰夫·拉斯金（Jef Raskin）和安迪·赫茨菲尔德（Andy Hertzfeld）。从 OS X 10.8 开始在名字中去掉 Mac，仅保留 OSX 和版本号。2016 年 6 月 13 日在 WWDC2016 上，苹果公司将 OS X 更名为 Mac OS，现行的最新的系统版本是 Mac OS High Sierra。

2018 年 9 月，Mac OS 操作系统在世界范围内占据了桌面操作系统 13.49% 的市场。

4. 嵌入式操作系统

嵌入式操作系统（embedded operating system)，根据直译就是嵌入到设备里的计算机操作系统，因此在门禁、停车计费、微波炉、手环、自动贩卖机、工业控制台、医疗设备等日常生活、工作中常见设备中的计算机（包括单片机、单板机等）操作系统都可以称为嵌入式操作系统。这些嵌入式操作系统有的直接使用了日常办公中桌面上使用的操作系统，如 Windows XP 被广泛用于银行的自动取款机交互界面中，而 Android 大量应用在目前大家常见的自动售货机上。

嵌入式操作系统根据资源的丰富类别，可以分为两类。一类像嵌入式 Linux、VxWorks 等大型嵌入式操作系统①，对图形化界面、通信、安全、存储等直接提供了较好的支持，所工作的主机往往也能提供几十兆字节或更多的内存（变量空间）或"硬盘"（代码空间），使用上往往有和对应的桌面产品类似的用户体验。另一类使用相对简单的操作系统，一般用于手环、微波炉、水表等设备，这些设备或者功耗敏感，或者资源受限，不需要太复杂的功能，但对实时性的要求更高。

嵌入式操作系统通常都会有最基础的内核和外加上去的模块，如文件系统、网络协议堆栈和应用、设备驱动程序等。

嵌入式操作系统在各种场景都有广泛应用，它有如下几个特征：① 可提供实时的操作；② 可直接使用中断；③ 有灵活的 IO 设备；④ 能够根据要求进行响应；⑤ 高效的保护机制；⑥ 可配置。

---

① 微软出品的 WIN CE 曾经也是这个邻域的重磅产品，但微软自 2013 年就停止了它的开发，因此也就逐渐淡出了相应的市场。

在嵌入式操作系统里面，有一类应用对实时性的要求特别高，称为**实时操作系统**（Real-time operating system, RTOS）或即时操作系统。它对处理数据或者事件的时限有严格的限制，通常是事件驱动并且执行抢占式的调度，确保处理时间在最短时限内。

与一般的操作系统相比，实时操作系统最大的特色就是"实时性"，如果有一个任务需要执行，实时操作系统会马上（在较短时间内）执行该任务，不会有较长的延时。这种特性保证了各个任务的及时执行。

设计实时操作系统的首要目标不是高的吞吐量，而是保证任务在特定时间内完成，因此衡量一个实时操作系统坚固性的重要指标是系统从接收一个任务到完成该任务所需的时间，而其时间的变化称为抖动。根据抖动将实时操作系统分为硬实时操作系统和软实时操作系统两种。硬实时操作系统比软实时操作系统有更少的抖动，它必须使任务在确定的时间内完成；软实时操作系统能让绝大多数任务在确定时间内完成。

与一般的操作系统相比，实时操作系统有着不同的调度算法。一般操作系统的调度器对于线程优先级等方面的处理更加灵活；而实时操作系统追求最小的中断延时和线程切换延时。

嵌入式操作系统的具体品类繁多，除了老牌的 VxWorks、WinCE（微软出品，最新版本于 2013 年 6 月 13 日发布，已停止后续的软件升级），以及经过调校的各种 Linux、Android 等"较重"的小型操作系统外，诸多单片机的开发商、RTOS 提供商也发布了不少商业的或免费的操作系统。

随着物联网应用的增多，华为、腾讯、阿里等国内的互联网大公司也都推出了自己的物联网实时操作系统。其中腾讯推出的 TencentOS-tiny(BSD 3 授权)、华为推出的 LiteOS(BSD 授权)、阿里推出的 AliOS Things (Apache 授权)都只支持 ARM 的体系结构的 MCU，都开源并可免费商用。

二、各类计算机上的操作系统使用情况

1. 大型机

最早的操作系统是针对 20 世纪 60 年代的大型主机开发的，由于对这些系统在软件方面做了巨大投资，因此原来的计算机厂商继续开发与原来操作系统相兼容的硬件与操作系统。这些早期的操作系统是现代操作系统的先驱。

现代的大型主机一般运行 Linux 或 Unix 变种，也有少量运行 Windows 操作系统。根据 TOP 500[①]的统计，自 2015 年 11 月起，Windows 就从 500 强主机的操作系统列表中消失了；自 2017 年起，所有的 500 强大型机都运行 Linux 内核 (图 4-7)。

2. 桌面计算机

桌面计算机市场的操作系统一直以来都相对集中，因为这个领域的交互要求较高。Windows 一直是这个领域的主流，近几年随着苹果电脑的普及，OS X 增长了不少。根据 statCounter 的统计，截至 2022 年 5 月，桌面计算机操作系统的市场占有率 Windows 为 75.5%、

---
①TOP 500 项目统计全球最强大的 500 强非分布式大型机的性能指标。该项目从 1993 年开始，每 2 年更新一次。

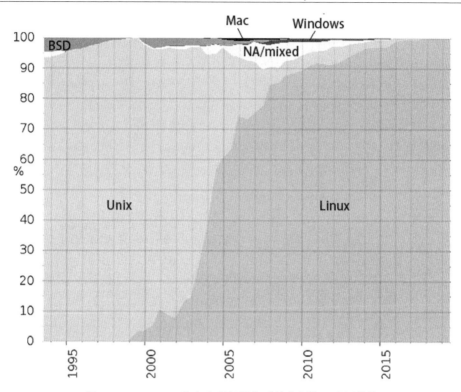

图4-7　TOP 500独立大型机操作系统使用情况发展趋势

OS X为14.99%、Unknown为3.83%、Chrome OS为2.79%、Linux为2.36%、FreeBSD为0.01%，总体上是Windows占据大壁江山（图4-8）。

3. 移动设备

移动设备，也被称为手持设备、移动终端、移动通信终端等，大多数为口袋大小的计算设备，包括手机、笔记本电脑、平板电脑、POS机、车载电脑等。但多数情况下它是指具有多种应用功能的智能手机和平板电脑，通常有一个小的显示屏幕，触控输入，或是小型的键盘。因为透过它可以随时随地访问获得各种信息，这一类设备很快变得流行。和诸如笔记本电脑和智能手机之类的移动计算设备一起，PDA代表了新的计算领域。

典型的移动设备有掌上游戏机、移动电话（智能手机、平板电脑等）等。现在随着智能手机的流行，很多移动设备都从智能手机学习或者裁剪、调整而来。

智能手机是信息化时代技术的结晶，也是信息化时代最具代表性的产品。它是一种可用来拨打移动电话和进行多功能移动计算（PDA）的移动设备，可以当做是一个可以打电话的小型平板电脑。智能手机通常有许多半导体以及各种传感器，支持无线通信协议，其运算能力及功能均优于传统功能手机。早期用于智能手机的处理器的性能相比PC的处理器有很大的差距，现在因为半导体制程以及CPU技术的发展，智能手机的处理器的性能已经有了很大的提升，很多原来只能在PC上运行的大型游戏现在已经转移到手机上了。无论是网页浏览、娱乐、通信、购物还是工作，各类服务提供商都对手机应用的交互进行了大量的优化，使得原本主要运行在PC上的功能现在能在手机上工作得更好，有些原本运

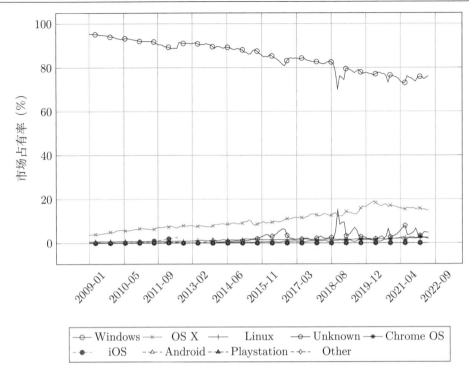

图 4-8　桌面 PC 操作系统 2009 年 1 月至 2022 年 5 月市场占有率发展（数据来源 gs.statcounter.com）

行在 PC 上的程序现在也只提供运行在手机上的版本。

随着移动互联网的发展，智能手机成为核心的通信工具，移动应用程序市场及移动商务、手机游戏产业、社交即时通信网络高度繁荣，产生了不少相关的职业。通信技术的发展，万物互联概念的提出，使得智能手机成为了最重要的终端设备，进驻了现代社会的各个方面，现已成为不可取代的物品。

智能手机在过去的十几年里发展非常迅猛，手机操作系统经过几轮淘洗，当前市场上只剩 Android 和 iOS 两个大的分类。根据 statCounter 的统计，mobile device 的操作系统中，Android 占 71.7%、iOS 占 27.57%，其他的分类市场总占有率不到 0.7%（图 4-9）。

4. 平板电脑

平板电脑简称平板，是一种小型的、方便携带的个人电脑移动设备，允许用户通过手指或触控笔来进行活动，而不是传统的键盘和鼠标。

最早由施乐帕洛阿尔托研究中心的艾伦·凯（Alan Kay）在 20 世纪 60 年代末提出了一种可以用笔输入信息的叫作 Dynabook 的新型笔记本电脑的构想。然而，帕洛阿尔托研究中心没有对该构想提供支持。第一部用作商业的平板电脑是 1989 年 9 月上市的 GRiD Systems 制造的 GRiDPad，它的操作系统基于 MS-DOS。另外一部 Go Corporation 制造的平板电脑 Momenta Pentop 于 1991 年上市。1992 年，Go 推出了一款专用操作系统，命名为 PenPoint OS，同时微软公司也推出了 Windows for Pen Computing。

平板电脑于 2002 年秋季因微软公司大力推广 Windows XP Tablet PC Edition 而渐渐变得流行起来。

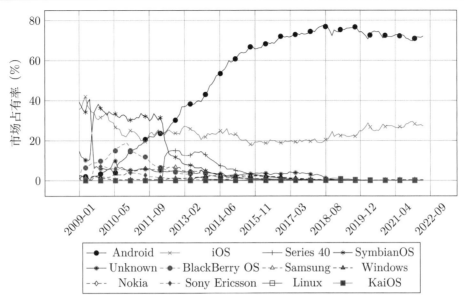

图 4-9　智能手机操作系统 2009 年 1 月至 2022 年 6 月市场占有率发展，数据来源 gs.statcounter.com

2006 年，微软发布新一代操作系统 Windows Vista，在家庭高级版（Home Premium）、商业版（Business）、旗舰版（Ultimate）中均加入了对平板电脑的支持，甚至还专门为之设计了名为"墨球"的自带游戏。

整整有 21 年间平板电脑没有太大变化，操作系统是 Windows 系统和少数的 Linux，在工业、医学和政府等顾客群内有一些市场。它们的主要用户群为学生和专业人员，市场整个被笔记本电脑抢去。直到 2010 年 1 月 27 日苹果公司发布了 iPad 后才有了重大变化。

2010 年 1 月 27 日苹果公司发布了 iPad，搭载苹果的 iOS 和 2019 年专门为 iPad 设计 iPad OS 操作系统。iPad 的用户界面是以多点触屏为主来进行设计，也包括虚拟键盘。每一款 iPad 皆有内置 WiFi，某些机型也同时支持移动网络，2010 年 4 月 3 日推出第一款 iPad，2012 年推出 iPad mini 系列。

2011 年 3 月 Google 因平板电脑市场的成熟，推出 Android 3.0 蜂巢（Honey Comb）操作系统。该系统专门为平板电脑设计，新增主页按钮等多功能操作。Android 阵营也推出全球第一款 Android 3.0 的平板电脑——Motorola Xoom，相继有众多厂商纷纷推出各自的产品，如华硕变形平板电脑（EEee Pad Transformer）及宏碁的 ICONIA Tab A500、宏达电的 HTC Flyer 等。2011 年 5 月 Google 正式推出了 Android 3.1 操作系统，成为最多平板电脑硬件厂商采用的操作系统。

2018 年以后，在平板电脑市场饱和以及平板手机部分侵蚀市场的趋势下，部分平板电脑厂商（如 Google）渐渐放弃了平板电脑市场，苹果公司持续在平板电脑界称霸。

平板电脑是随着智能手机的流行才流行起来的，使用的操作系统和智能手机的操作系统基本是一样的，通常针对大屏幕做了交互优化。2022 年 4 月，根据 statCounter 的统计，平板电脑的操作系统中 iOS 占 53.92%、Android 占 45.99%、Windows 占 0.03%、Linux 占 0.03%、BlackBerry OS 占 0.01%，其他操作系统占 0.01%，呈现 iOS 和 Android 平分秋色的局面（图 4-10）。

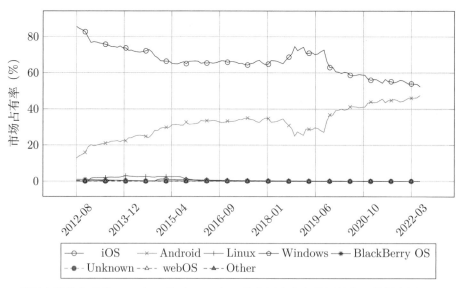

图 4-10 平板电脑操作系统 2012 年 8 月至 2022 年 6 月市场占有率发展趋势（数据来源 gs.statcounter.com）

5. 嵌入式计算机

嵌入式计算机泛指嵌入在设备中作为设备组件的计算机，这些计算机大的如自动贩卖机、人脸门禁系统、大型户外广告牌，小的如智能手表、手环乃至无数的 IoT 节点，使用的操作系统也各不相同。

在自动贩卖机、人脸门禁系统、大型户外广告牌、银行取款机等图形显示、交互、通信要求高的场所，往往直接使用了微型的 Windows 系统或者 Android 系统，因为这些操作系统为此类应用的核心需求提供了内置的支持。

在智能网关、打印机等领域的设备中，因为可以开发此类应用的程序员多而单板 PC 或嵌入式手机的价格很低，直接使用（或使用删减版、精简版）PC 或手机（平板）操作系统的方案和产品很多。

在手环、智能节点（如水表、气表、共享单车、无线监测）中，因为功耗和成本要求，使用的处理器的计算性能一般较低、代码空间很小，不得不使用空间需求少、可高度定制、方便裁剪的操作系统。

知名的云服务商都提供了 IoT 操作系统解决方案，如微软的 ThreadX、华为的 LiteOS、腾讯的 TencentOS tiny、阿里云的 AliOS Things，目前 ThreadX 相对活跃。

单片机的集成开发环境提供商也都有自己的针对各个单片机家族的操作系统。如 Keil 提供了 RTX51 Tiny（针对 MCS-51）、ARTX-166 Advanced RTOS（针对 XC16x、XE16x、XC2000 和 ST10）、RTX166 Tiny、RTX Real-Time Operating System（针对 ARM 和 Cortex-M）；IAR 则集成了对 Amazon FreeRTOS、Azure RTOS、SCIOPTA Safety RTOS、eForce uC3、UNISON RTOS、Micro Digital SMX RTOS、Quadros System RTXC RTOS、Micrium OS 等诸

多操作系统的支持，但它们都没有绝对的支配地位，还有不少创新公司希望借助提供嵌入式操作系统而进入嵌入式应用的市场。

根据一篇市场调研报告①，2021 年以下嵌入式操作系统在生产环境还比较活跃：

（1）Deos，来自丹麦的 DDC-I 公司。主打需要 DO-178 认证的产品。

（2）embOS，来自德国 Segger 公司。1992 年开始开发，MISRA-C:2012 兼容，通过了 IEC 61508 SIL 3 和 IEC 62304 Class C 认证。在 ARM 单片机开发中常见的 J-Link 也是这个公司的产品。

（3）FreeRTOS，来自美国 Amazon 公司。被广泛移植的开源、免费的实时操作系统，支持 40 多种架构的处理器，在微控制器（即单片机）和微处理器上都有使用。2017 年被 Amazon 收购，STM32CubeIDE 内置支持。

（4）Integrity，来自 Green Hills Software 公司。适用于微处理器，主打安全、可靠、可信。

（5）Keil RTX，来自英国 ARM 公司。支持 8051 和 ARM，部分开源，对 ARM Cortex-M 的单片机免费。

（6）LynxOS，来自美国 Lynx Software 科技公司。应用于嵌入式系统的类 Unix 实时操作系统。

（7）MQX，来自荷兰恩智浦半导体公司（NXP）。适用于 NXP 自己的微控制器和微处理器。

（8）Nucleus，来自德国 Mentor Graphics。适用于微处理器。

（9）Neutrino，来自加拿大 Research In Motion 公司。适用于 ARM、Power 和 x86，主打医疗设备，该公司的代表产品还有 BlackBerry 手机。

（10）PikeOS，来自德国 SYSGO GmbH 公司。适用于微处理器，主打安全、可信。

（11）SafeRTOS（Wittenstein），FreeRTOS 的姊妹产品，基于 FreeRTOS，但是提供了针对医疗、汽车和工业应用方面的安全认证。

（12）ThreadX，来自美国微软。微软的 Azure 云服务的主要 RTOS，在适配了微软云服务的物联网设备上应用广泛。

（13）μC/OS，来自美国 Silicon Labs 公司。原 Micrium 公司的产品，2016 年被 Silicon Labs 收购，是在国内被广泛学习、介绍的单片机实时操作系统。

（14）VxWorks，来自美国 Wind River（风河）公司。于 1983 年设计开发的嵌入式 RTOS，以其良好的可靠性和卓越的实时性被广泛的应用在通信、军事、航空、航天等邻域。

（15）Zephyr，Linux Foundation 管理的一个开源操作系统，Intel 等多家公司提供了强有力的支持，在 PlatformIO 中也被支持。

目前在国内被大力推广的操作系统还有 RT-Thread，它已经有十多年的发展历史，也是一款开源实时操作系统，主要包含一个实时内核和与实时应用有关的各种组件，支持多种 CPU 架构，有自主设计的集成开发环境，并且开发活跃、更新频繁。

另一个值得留意的嵌入式操作系统是 ARM 公司的 Mbed OS。Mbed 是一个平台和操作系统，用于基于 32 位 ARM Cortex-M 微控制器的连接互联网的物联网设备。这个项目由

---

① https://www.lynx.com/embedded-systems-learning-center/most-popular-real-time-operating-systems-rtos。

ARM 和它的技术伙伴协作开发。通常工作在单片机上的操作系统都是 C 接口的,这个操作系统的 API 基于 C++ 构建的,对普通用户(应用开发的程序员)更加友好。

三、操作系统使用现状小结

操作系统属于计算机领域的基础建设,具有"赢者通吃"[①]的市场特性。经过长期的发展,流行的操作系统类型越来越集中于几种特定的品类,这些操作系统也会趋同化发展。

在大型机领域,除了大型机制造商自己为大型机定制的操作系统外,绝大多数大型机都使用的是 Linux 操作系统。

多数通用服务器使用的也是 Linux 操作系统,很少一部分服务器使用了 Windows Server 操作系统。

在 **PC** 中,几乎只有 Windows(75.85%)、OS X(15.76%)、Chrome OS(2.86%)和 Linux(2.19%)4 个品类。ChromeOS 在国内不为人熟知,它是谷歌的产品,在美国有一定市场地位,其市场占有率高达 4.82%,高于 Linux 的 1.49%,ChromeOS 作为基于 Linux 的开源操作系统,主要发力教育领域,旨在打造一款基于 Web 的云操作系统,随着 5G 通信技术的不断落地,Chrome OS 或许会在未来占据更多的市场空间[②]。

在**平板电脑**中,则几乎只有 iOS(53.78%)、Android(46.13%)两款产品。

手机作为现今人们最常使用的计算设备,操作系统也集中在 Android(70.94%)、iOS(28.29%)两个品类。

在上面的几个领域,操作系统的选择者往往也是最终的用户,趋同度也越来越高。在嵌入式领域,操作系统的选择往往由开发人员决定。而嵌入式设备因为需求的个性化,种类繁多而又成本严重受限,使用的操作系统类别相对较多。

在之前的课程中大家主要学习了 MCS-51 单片机,上述操作系统中只有 RTX、embOS、FreeRTOS 和 μC/OS 提供了 MCS-51 CPU 架构的支持。考虑到学习、参考资料的完整性和开发调试工具的熟悉程度,本书选择了 Keil RTX 的适用于资源严重受限的 8051 单片机的一款小型 RTOS——RTX51 Tiny。它的常用 API 不到 10 个,参考资料齐全,学习、测试起来也比较简单。

[①] 2019 年 6 月在风险投资公司 Villiage Global 举办的活动上,微软联合创始人比尔·盖茨(Bill Gates)承认自己今生犯下的"最大错误",即给了谷歌推出安卓(Android)操作系统的机会。会上盖茨表示:"智能手机市场的确出现'赢家通吃'的局面。哪怕你在市场上拥有半数或 90% 的应用,你依然会走向毁灭。"

[②] https://gs.statcounter.com/os-market-share/desktop/worldwide,2022 年 2 月份的统计数据。

第四节 操作系统的功能

一、进程管理

不管是常驻程序或者应用程序，都以进程为标准运行单位。当年运用冯·诺伊曼结构建造计算机时，每个中央处理器最多只能同时运行一个进程。早期的 OS（如 DOS）也不允许任何程序打破这个限制，且 DOS 同时只能运行一个进程（虽然 DOS 宣称拥有终止并等待驻留（TSR）能力，可以部分且艰难地解决这问题）。现代的操作系统，即使只拥有一个 CPU，也可以利用多进程（multitask）功能同时运行复数进程。进程管理指的是操作系统调整复数进程的功能。

由于大部分的计算机只包含一颗中央处理器，在单内核（Core）的情况下多进程只是简单迅速地切换各进程，让每个进程都能够运行，在多内核或多处理器的情况下，所有进程通过许多协同技术在各处理器或内核上转换。越多进程同时运行，每个进程能分配到的时间比例就越小。很多 OS 在遇到此问题时会出现诸如音效断续或鼠标跳格的情况，称做崩溃（Thrashing），一种 OS 只能不停运行自己的管理程序并耗尽系统资源的状态，其他用户或硬件的程序皆无法运行。进程管理通常实践了分时的概念，大部分的 OS 可以利用指定不同的特权等级（priority），为每个进程改变所占的分时比例。特权越高的进程，运行优先级越高，单位时间内占的比例也越高。交互式 OS 也提供某种程度的回馈机制，让直接与用户交互的进程拥有较高的特权值。

除了进程管理之外，OS 尚有担负起**进程间通信（IPC）**、**进程异常终止处理**，以及**死结（dead lock）侦测**及处理等较为艰深的问题。

在进程之下尚有线程的问题，但是大部分的 OS 并不会处理线程所遭遇的问题，通常 OS 仅止于提供一组 API 让用户自行操作或通过虚拟机的管理机制控制线程之间的交互。

1. 概念和术语

进程（process）是计算机中已运行程序的实体。进程本身不会运行，是线程的容器。程序本身只是指令的集合，进程才是程序（那些指令）的真正运行。若干进程有可能与同一个程序相关系，且每个进程皆可以同步（循序）或不同步（平行）的方式独立运行（多线程即每一个线程都代表一个进程）。现代计算机系统可在同一段时间内加载多个程序和进程到存储器中，并借由时间共享（或称多任务），在一个处理器上表现出同时（平行性）运行的感觉。同样的，使用多线程技术的操作系统或计算机架构，同样程序的平行进程，可在多 CPU 主机或网络上真正同时运行（在不同的 CPU 上）。进程为现今分时系统的基本运作单位。

在不同的环境中，进程有不同的名称，在批处理系统环境中，进程称为工作（jobs）；在分时系统环境中，进程称为用户程序（user progams）或任务（tasks）；在多数情况，工作与进程是同义词，但进程（process）已较为人接受。

线程是运行中的程序的调度单位。一个线程指的是进程中一个单一顺序的控制流，也被称为轻量进程（lightweight processes）。它是系统独立调度和分派的基本单位。同一进程中的多个线程将共享该进程中的全部系统资源，如文件描述符、信号处理等。一个进程可以有很多线程，每个线程并行执行不同的任务。

用户下达运行程序的命令后，就会产生进程。同一程序可产生多个进程（一对多关系），以允许同时有多位用户运行同一程序，却不会相冲突。

多任务（线程）操作系统一般采用分时复用的方式，由操作系统将 CPU 时间分为很多时间片（timeslice，微观上的一段 CPU 时间）。现代操作系统（如 Windows、Linux、Mac OS X 等）允许同时运行多个进程。例如，你可以在打开音乐播放器听音乐的同时用浏览器浏览网页并下载文件。事实上，由于一台计算机通常只有一个 CPU，所以永远不可能真正地同时运行多个任务。这些进程"看起来"是同时运行的，实则是轮番穿插地运行，由于时间片通常很短（在 Linux 上为 5～800ms），用户不会感觉到。时间片由操作系统内核的调度程序分配给每个进程。首先内核会给每个进程分配相等的初始时间片，然后每个进程轮番地执行相应的时间，当所有进程都处于时间片耗尽的状态时，内核会重新为每个进程计算并分配时间片，如此往复。

通常状况下，一个系统中所有的进程被分配到的时间片长短并不是相等的，尽管它们的初始时间片基本相等（在 Linux 系统中，初始时间片也不相等，是各自父进程的一半），系统通过测量进程处于"睡眠"和"正在运行"状态的时间长短来计算每个进程的交互性。交互性和每个进程预设的静态优先级（Nice 值）的叠加即是动态优先级。动态优先级按比例缩放就是要分配给那个进程时间片的长短。一般地，为了获得较快的响应速度，交互性强的进程（即趋向于 IO 消耗型）被分配到的时间片要长于交互性弱的（趋向于处理器消耗型）进程。

进程需要一些资源才能完工作，如 CPU 使用时间、存储器、文件以及 I/O 设备。在只有一个 CPU 的系统中，进程依序逐一运行，也就是任何时间内仅能运行一项进程。

一个计算机系统进程包括（或者说"拥有"）下列数据：

（1）该程序的可运行机器码的一个在存储器的图像。

（2）分配到的存储器（通常包括虚拟内存的一个区域）。存储器的内容包括可运行代码、特定于进程的数据（输入、输出）、调用堆栈、堆栈（用于保存运行时运数中途产生的数据）。

（3）分配给该进程的资源的操作系统描述子，如文件描述子（Unix 术语）或文件句柄（Windows）、数据源和数据终端。

（4）安全特性，如进程拥有者和进程的权限集（可以容许的操作）。

（5）处理器状态（context），如寄存器内容、物理存储器寻址等。当进程正在运行时，状态通常存储在寄存器，其他情况在存储器。

（6）进程控制块或任务控制表（process control block，PCB），是操作系统内核中一种数据结构，主要表示进程状态。虽各实际情况不尽相同，但 PCB 通常记载进程的相关信息包括：
- 进程状态，可以是 new（新建）、ready（就绪）、running（运行）、waiting（等待）或 halted（暂停）等。
- 程序计数器，接着要运行的指令的地址。
- CPU 寄存器，如累加器、索引寄存器、堆栈指针以及一般用途寄存器、状况代码等，主要用于中断时暂时存储数据，以便稍后继续利用；它的数量及类因计算机架构有所差异。
- CPU 调度，优先级、排班队列等指针以及其他参数。
- 存储器管理，如分页表等。
- 会计信息，如 CPU 与实际时间的使用数量、时限、账号、工作或进程号码。
- 输入输出状态，配置进程使用 I/O 设备，如磁带机。

2. 进程状态

进程在运行时，状态（state）会改变（图 4-11）。所谓状态，即进程目前的动作。进程有下面几种状态：① 新生（new），进程新产生中；② 运行（running），正在运行；③ 等待（waiting），等待某事发生，如等待用户输入完成；④ 就绪（ready），排队中，等待 CPU；⑤ 退出（terminated），完成运行。

各状态名称可能随不同操作系统而相异；对于单 CPU 系统（UP），任何时间可能有多个进程为等待、就绪，但必定仅有一个进程在运行。

多任务操作系统内核对进程设置确定的状态，这些状态名可能在不同的系统中有不同的名称，但是执行相似的功能：

（1）进程被创建。程序从二级存储设备（secondary storage device，如硬盘或光盘）加载到主存（main memory，内存）形成进程，随后进程调度器将其状态设置为"等待"（waiting）。

（2）处于"等待"状态的进程等待调度器进行上下文切换（context switch），并分配 CPU 时间。进程的状态转换为"运行"（running），CPU 开始执行进程的指令。

（3）如果进程需要某些资源（等待用户输入或打开文件），则它的状态被设置为"阻塞"（blocked）状态，进程状态又变成"等待"。

（4）当进程运行完，或被系统终止，则立即被移除或被设置为"终止"（terminated）状态。

状态图（图 4-11）中的进程状态变化，箭头指示出可能的状态转换方式。

3. 进程调度

进程调度（process schedule）的首要目标是提高 CPU 的利用率，增加进程的吞吐量，因此往往被称作 CPU 调度，CPU 调度决策可在如下 4 种环境下发生：

（1）当一个进程从运行状态切换到等待状态，如 I/O 请求或调用 wait 以等待一个子进程的终止。

（2）当一个进程从运行状态切换到就绪状态，如当出现中断。

（3）当一个进程从等待状态切换到就绪状态，如 I/O 完成。

（4）当一个进程终止。

当调度只能发生在第一和第四种情况时，称调度方案是非抢占的，否则调度方案是可

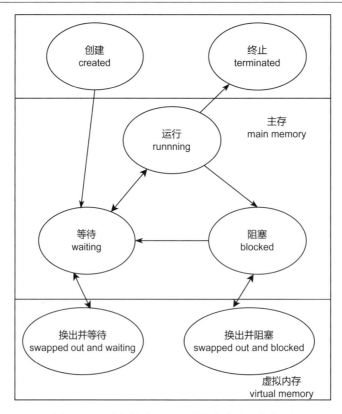

图 4-11 进程状态迁移和进程在存储器的位置

抢占的。

采用非抢占调度，一旦 CPU 被分配给一个进程，那么该进程会一直使用 CPU 直到进程终止或主动放弃时间片切换到等待状态时释放 CPU，因此该方案也被称作协作式调度。协作式环境下，下一个进程被调度的前提是当前进程主动放弃时间片；抢占式环境下，操作系统完全决定进程调度方案，操作系统可以剥夺耗时长的进程的时间片，提供给其他进程。

抢占式调度要付出一定的代价。考虑一下两个进程共享数据的情况。当一个进程被抢占时它可能正在更新数据并且第二个进程被运行。第二个进程可能试图读取这个数据，现在这个数据处在一个不一致的状态。这就需要新的机制来协调对共享数据的访问。

抢占（preemption）也会影响到操作系统内核的设计。在系统调用的处理过程中，内核可能会为某个进程做一些工作。这可能会改变重要的内核数据（如 I/O 队列）。如果在这个过程中该进程被抢占，并且内核（或设备驱动程序）需要读取或修改同样的数据结构，那么会怎样呢？结果可能会混乱不堪。有些操作系统（包括大多数 UNIX 版本）通过在上下文转换之前等待一个系统调用结束或发生一个 I/O 阻塞来处理这个问题。因为当内核数据结构处于不一致状态时不允许内核抢占进程，所以这种机制保持了内核结构的简单化。问题是这种内核执行模型（kernel-execution model）并不适于实时计算和多道处理。

4. CPU 调度算法

常见的 CPU 调度算法有很多种，这里对几种常见的调度算法进行简要说明。

先到先服务调度（first-come first-served，FCFS） 当一个进程进入到就绪队列，其 PCB 就被链接到队列的尾部，当 CPU 空闲时，CPU 被分配给位于队列头的进程。接着，该运行进程从队列中被删除。FCFS 策略的平均等待时间相当长，并且该算法是非抢占式的。

最短作业优先调度 (shortest-job-first，SJF) SJF 算法的真正困难时如何知道下一个 CPU 请求的长度。SJF 调度经常用于长期调度。

优先权调度 每个进程都有一个优先权与其关联，具有最高优先权的进程会被分配到 CPU。具有相同优先权的进程按 FCFS 顺序调度。优先权可以通过内部或外部方式来定义。优先权调度可以是可抢占的也可以是非抢占的。优先权调度算法的一个主要问题是无穷阻塞。解决办法是老化: 逐渐增加在系统中等待很长时间的进程的优先权。

轮转式调度（Round-robin scheduling) 轮转式调度是专门为分时系统设计的。定义一个小时间单元，称为时间量或时间片。时间片通常为 10~100ms。就绪队列作为循环队列处理,CPU 调度程序循环就绪队列，为每个进程分配不超过一个时间片间隔的 CPU。如果上下文切换时间约为时间片的 10%，那么约 10% 的 CPU 时间会浪费在上下文切换上。

多级队列调度（multilevel queue-scheduling algorithm） 不同队列可用于前台和后台进程,前台队列可能使用轮转法调度，而后台队列可能使用 FCFS 算法调度。

多级反馈队列调度 对于多级队列调度算法，通常进程进入系统时，被永久地分配到一个队列，进程并不在队列之间移动。

5. 进程间通信

进程间通信（inter-process communication ，IPC）指至少两个进程或线程间传送数据或信号的技术或方法。进程是计算机系统分配资源的最小单位。每个进程都有自己的一部分独立的系统资源，彼此是隔离的。进程间通信为了能使不同的进程互相访问资源并进行协调工作，这些进程可以运行在同一计算机上或相同网络链接的不同计算机上。进程间通信技术包括消息传递、同步、共享内存和远程过程调用。

目前进程间通信的方式有命名和匿名管道（pipe）、信号标（semaphore）、互斥子（mutex）、共享内存（shared memory）、消息队列（message queue）、文件系统、CORBA[①]、D-Bus[②]等。

6. 案例讨论——哲学家就餐问题

哲学家就餐问题可以这样表述，假设有五位哲学家围坐在一张圆形餐桌旁，做以下两件事情之一：吃饭，或者思考。吃东西的时候，他们就停止思考，思考的时候也停止吃东西。餐桌中间有一大碗意大利面，每两个哲学家之间有一只餐叉。因为用一只餐叉很难吃到意大利面，所以假设哲学家必须用两只餐叉吃东西。他们只能使用自己左右手边的那两只餐叉（图 4 - 12）。哲学家就餐问题有时也用米饭和筷子而不是意大利面和餐叉来描述，

[①] Common Object Request Broker Architecture, 公共对象请求代理体系结构，是由 OMG 组织制订的一种标准的面向对象应用程序体系规范。CORBA 有很广泛的应用，它易于集成各厂商的不同计算机，从大型机一直到微型内嵌式系统的终端桌面，是针对大中型企业应用的优秀的中间件，它使服务器真正能够实现高速度、高稳定性处理大量用户的访问。现在很多大型网站后端的服务器都运行 CORBA。

[②] D-Bus，数据总线，是一个低延迟，低开销，高可用性的进程间通信机制。D-Bus 最主要的用途是在 Linux 桌面环境为进程提供通信，同时能将 Linux 桌面环境和 Linux 内核事件作为消息传递到进程。

因为很明显，吃米饭必须用两根筷子。

哲学家从来不交谈，这就很危险，可能产生死锁，每个哲学家都拿着左手的餐叉，永远都在等右边的餐叉（或者相反）。

图 4-12 哲学家就餐问题

即使没有死锁，也有可能发生资源耗尽。例如，假设规定当哲学家等待另一只餐叉超过五分钟后就放下自己手里的那一只餐叉，并且再等五分钟后进行下一次尝试。这个策略消除了死锁（系统总会进入到下一个状态），但仍然有可能发生"活锁"。如果五位哲学家在完全相同的时刻进入餐厅，并同时拿起左边的餐叉，那么这些哲学家就会等待五分钟，同时放下手中的餐叉，再等五分钟，又同时拿起这些餐叉。

在实际的计算机问题中，缺乏餐叉可以类比为缺乏共享资源。一种常用的计算机技术是资源加锁，用来保证在某个时刻资源只能被一个程序或一段代码访问。当一个程序想要使用的资源已经被另一个程序锁定，它就等待资源解锁。当多个程序涉及加锁的资源时，在某些情况下就有可能发生死锁。例如，某个程序需要访问两个文件，当两个这样的程序各锁了一个文件，那它们都在等待对方解锁另一个文件，而这永远不会发生。

7. 哲学家就餐问题的解法
1）服务生解法

一个简单的解法是引入一个餐厅服务生，哲学家必须经过他的允许才能拿起餐叉。因为服务生知道哪只餐叉正在使用，所以他能够作出判断避免死锁。

为了演示这种解法，假设哲学家依次标号为 A 至 E。如果 A 和 C 在吃东西，则有四只餐叉在使用中。B 坐在 A 和 C 之间，所以两只餐叉都无法使用，而 D 和 E 之间有一只空余的餐叉。假设这时 D 想要吃东西。如果他拿起了第五只餐叉，就有可能发生死锁。相反，如果他征求服务生同意，服务生会让他等待。这样，我们就能保证下次当两把餐叉空余出来时，一定有一位哲学家可以成功的得到一对餐叉，从而避免了死锁。

2）资源分级解法

另一个简单的解法是为资源（这里是餐叉）分配一个偏序或者分级的关系，并约定所有资源都按照这种顺序获取，按相反顺序释放，而且保证不会有两个无关资源同时被同一项工作所需要。在哲学家就餐问题中，资源（餐叉）按照某种规则编号为 1~5，每一个工作单元（哲学家）总是先拿起左右两边编号较低的餐叉，再拿编号较高的。用完餐叉后，他总是先放下编号较高的餐叉，再放下编号较低的。在这种情况下，当四位哲学家同时拿起他们手边编号较低的餐叉时，只有编号最高的餐叉留在桌上，从而第五位哲学家就不能使用任何一只餐叉了。而且，只有一位哲学家能使用最高编号的餐叉，所以他能使用两只餐叉用餐。当他吃完后，他会先放下编号最高的餐叉，再放下编号较低的餐叉，从而让另一位哲学家拿起后边的这只开始吃东西。

尽管资源分级能避免死锁，但这种策略并不总是实用的，特别是当所需资源的列表并不是事先知道的时候。例如，假设一个工作单元拿着资源 3 和 5，并决定需要资源 2，则必须先要释放 5，之后释放 3，才能得到 2，之后必须重新按顺序获取 3 和 5。对需要访问大量数据库记录的计算机程序来说，如果需要先释放高编号的记录才能访问新的记录，那么运行效率就不会高，因此这种方法在这里并不实用。

这种方法经常是实际计算机科学问题中最实用的解法，通过为分级锁指定常量，强制获得锁的顺序，就可以解决这个问题。

3）Chandy/Misra 解法

1984 年，K. Mani Chandy 和 J. Misra 提出了哲学家就餐问题的另一个解法，允许任意的用户（编号 $P_1, \cdots, P_n$）争用任意数量的资源。

- 对每一对竞争一个资源的哲学家，新拿一个餐叉，给编号较低的哲学家。每只餐叉都是"干净的"或者"脏的"。最初，所有的餐叉都是脏的。
- 当一位哲学家要使用资源（也就是要吃东西）时，他必须从与他竞争的邻居那里得到。对每只他当前没有的餐叉，他都发送一个请求。
- 当拥有餐叉的哲学家收到请求时，如果餐叉是干净的，那么他继续留着，否则就擦干净并交出餐叉。
- 当某个哲学家吃完东西后，他的餐叉就变脏了。如果另一个哲学家之前请求过其中的餐叉，那他就擦干净并交出餐叉。

这个解法允许很大的并行性，适用于任意大的问题。

二、存储器管理

根据帕金森定律：你给程序再多存储器，程序也会想尽办法耗光，因此程序设计师通常希望系统给他无限量且无限快的存储器。大部分的现代计算机存储器架构都是层次结构式的，以最快且数量最少的寄存器为首，然后是高速缓存、存储器以及最慢的磁盘存储设备。而 OS 的存储器管理提供查找可用的记忆空间、配置与释放记忆空间以及交换存储器和低速存储设备的内含物等功能。此类又被称作虚拟内存管理的功能大幅增加每个进程可获得的记忆空间（通常是 4GB，即使实际上 RAM 的数量远少于这数目），然而这使运行效率降低，严重时甚至会导致进程崩溃。

存储器管理的另一个重点活动就是借由 CPU 的帮助来管理虚拟位置。如果同时有许多进程存储于记忆设备上，操作系统必须防止它们互相干扰对方的存储器内容（除非通过某些协议在可控制的范围下操作，并限制可访问的存储器范围）。分割存储器空间可以达成目标，每个进程只会看到整个存储器空间（从 0 到存储器空间的最大上限）被配置给它自己（当然，有些位置被 OS 保留而禁止访问）。CPU 事先存了几个表以比对虚拟位置与实际存储器位置，这种方法称为分页（paging）配置。

借由对每个进程产生分开独立的位置空间，OS 也可以轻易地一次释放某进程所占据的所有存储器。如果这个进程不释放存储器，OS 可以退出进程并将存储器自动释放。

三、磁盘与文件系统

所谓的文件系统，通常指管理磁盘数据的系统，它可将数据以目录或文件的类型存储。每个文件系统都有自己的特殊格式与功能，如日志管理或不需磁盘重整。

OS 拥有许多种内置文件系统。例如 Linux 拥有非常广泛的内置文件系统，如 ext2、ext3、ReiserFS、Reiser4、GFS、GFS2、OCFS、OCFS2、NILFS 与 Google 文件系统。同时 Linux 也支持非本地文件系统，如 XFS、JFS、FAT 家族与 NTFS。另外，Windows 能支持的文件系统只有 FAT12、FAT16、FAT32 与 NTFS。NTFS 系统是 Windows 上最可靠、最有效率的文件系统，其他的 FAT 家族都比 NTFS 老旧，且对于文件长度与分割磁盘能力都有很大限制，因此造成很多问题。且 UNIX 的文件系统多半是 UFS，而 UNIX 中的一个分支 Solaris 最近则开始支持一种新式的 ZFS。

大部分上述的文件系统可以以日志式（journaling file system）或非日志式建置两种方法建置。日志式文件系统可以以较安全的手法运行系统恢复。如果一个没有日志式建置的文件系统遇上突然的系统崩溃，导致数据建立在一半时停顿，则此系统需要特殊的文件系统检查工具才能撤消；而日志式则可自动恢复。微软的 NTFS 与 Linux 的 ext3、reiserFS 与 JFS 都是日志式文件系统。

每个文件系统都实现相似的"目录/子目录"架构，但在相似之下也有许多不同点。微软使用"\"符号以建立"目录/子目录"关系,且文件名称忽略其大小写差异[①];UNIX/LINUX 系统则是以"/"建立目录架构，且文件名称大小写敏感，对大小写不同的文件也

---

① 在 WIN7、WIN10、WIN11 等操作系统上测试表明，现在 Windows 操作系统对"目录/子目录"和"目录\子目录"两种方式都提供了支持。

第五节　RTX51 Tiny 实时操作系统

RTX 内核是一个由 Keil 公司开发的实时操作系统（RTOS），可以同时运行多函数或多任务。在嵌入式项目中运用像 RTX 这样的实时操作系统，可以解决众多的调度、维护、定时等问题。Keil 的 RTX 提供了对 8051 单片机和 ARM Cortex M 等多个系列单片机的实时操作系统支持，RTX51 Tiny 内核是专门针对 8051 内核的设计，非常适合资源严重受限（FLASH 小、RAM 少）的微控制器。

RTX51 Tiny 程序使用标准 C 语言构建，并运用 Keil C51 编译器进行编译。因为编译器的内建支持，使得任务的申明很简单，几乎不需要额外的复杂的栈和框架配置，只需要包含一个指定的头文件并链接 RTX51 Tiny 函数库即可。

一、RTX 的功能

和大家熟知的 PC 操作系统不同，RTX（包括 RTX51 Tiny）作为一款运行在资源受限的单片机上的操作系统，主要提供了任务调度和任务间通信的基本功能，而诸如文件读写、网络通信等功能则需要用户根据需要添加或者开发额外的函数库来实现。

1. 基本功能

RTX 的基本功能就是开始和停止任务（进程），除此之外还支持进程通信，例如任务的同步、共享资源（外设或内存）的管理、任务之间消息的传递。

开发者可以使用基本函数去开启实时运行器，开始和终结任务，以及传递任务间的控制（轮转调度）。开发者还可以赋予任务优先级，当在就绪队列中有多个任务的时候，RTX 内核通过执行优先级来确定下一个运行的任务（强占调度）。

2. 进程通信

RTX 提供了以下几种不同的进程通信方法。

1）事件标志

事件标志是实现进程同步的主要方法，每个进程有 16 个事件标识可供使用，所以最多能等待 16 个不同的事件。每个进程也可以同时等待多个事件标志，在这种情况下，如果这些事件标志是"与"的关系，那么这些事件标志必须都被置位后该进程才能继续运行；如果这些事件标志是"或"的关系，那么这些事件标志中的一个或几个被置位后该进程就可以继续运行。

事件标志也可被 ARM 中断功能置位。在这种机制下，通过使用 ARM 中断函数设置任务等待的标志，可以使异步的外部事件和 RTX 核的任务同步。

2）信号量

在多任务实时操作系统中，需要特别的方法访问共享资源。否则，这些任务对共享资源同时访问时，可能会导致数据的不一致或外设的错误操作。

解决访问临界资源问题的主要方法是信号量。信号量是包含了虚拟标志的软件对象。内核将标志给第一个请求的任务。在任务将其返回给信号量之前，没有其他的任务可以获取这个标志。只有拥有标志的任务才能访问公共资源，这就阻止了其他的任务访问和扰乱公共资源。

当信号量的标志不可用时，访问它的进程将被挂起，一旦标志被返回，这个进程就会被唤醒。为了解决错误的等待条件，必须引入超时机制。

3）互斥量

互斥量是解决进程同步问题的另一种方法。它们用作对临界区的访问控制，只有拥有互斥量的进程才能访问临界区，其他试图访问临界区的进程将被阻塞。

4）信箱

有时进程之间需要交换消息，这在网络中是很常见的，如 TCP-IP、UDP、ISDN 等。

消息就是包含协议消息或帧的内存块的指针，这样的内存块可以动态地分配和提供给用户。为了防止内存泄漏，用户有责任正确地分配和回收内存块。

如果接收进程访问信箱中的消息不存在，它将被挂起，直到该消息被发送进程发送到信箱中，该被挂起的接收进程才会被唤醒。

3. RTX51 Tiny 的功能

作为一款为资源严重受限的单片机开发的操作系统，RTX51 Tiny 只实现了普通 RTX 的部分功能，实现了任务的构建、停止，以及任务间的简单事件通信，不支持任务优先级，也不支持互斥、信箱、信号量等复杂的任务间通信机制。

二、RTX51 Tiny 的技术指标和开发工具

RTX51 Tiny 是一款功能简单的实时操作系统，占用的资源非常少。表 4-3 是其可以定义的任务数量、最大活动任务数量、对代码空间和数据空间的需求、任务切换时间等技术指标。

对比而言，另一款很受欢迎的 RTOS——μC OS/II 需要最少 6KB 的 FLASH 和 1KB 的 RAM。

开发使用 RTX51 Tiny 的程序，需要使用 C51 Compiler、A51 Macro Assembler、BL51 Linker or LX51 Linker 等工具，同时 RTX51TNY.LIB 和 RTX51BT.LIB 两个函数库也必须在相应的函数库路径里，它们通常位于 ▇KEIL▸C 51▸LIB 文件夹。

表 4-3 RTX51 Tiny 技术指标

参数（Parameter）	限制（Limits）
最大任务数（Maximum Number of Defined Tasks）	16
最大活动任务数（Maximum Number of Active Tasks）	16
所需代码空间（Required CODE Space）	最多 900 字节
所需数据空间（Required DATA Space）	7 字节
所需堆栈空间（Required STACK Space）	3 字节/任务
所需 XDATA 空间（Required XDATA Space）	0 字节
定时器（Timer）	0
系统时钟分频系数（System Clock Divisor）	1000～65535
中断延迟（Interrupt Latency）	不大于 20 机器周期
上下文切换（Context Switch Time）	100～700

三、目标器件运行条件

RTX51 Tiny 可以在绝大多数 8051 兼容的器件上运行。在实际的项目中可能用到外部数据存储器，但是 RTX51 Tiny 内核仅使用内部存储器就够了。

RTX51 Tiny 可在 Keil C51 支持的各种内存模式下工作，因为不同的内存模式仅影响应用的各类对象在内存中的位置。RTX51 Tiny 的系统变量和堆栈区域总是保存在 8051 单片机的内部内存区域（DATA 或 IDATA）。通常（默认）情况下，RTX51 Tiny 应用选择 SMALL 内存模式。

RTX51 Tiny 执行协作式的任务切换（cooperative task switching，任务通过 os_wait() 或 os_switch_task() 进行调度）和转轮式任务切换（round-robin task switching，每个任务在操作系统切换到另一个任务之前运行一段固定的时间）。不支持任务优先级（task priorities）和抢先式多任务（preemptive task switching）。如果需要使用抢先式多任务，必须使用 RTX51 Full 实时操作系统。

> 提示
>
> 任务切换的最关键的原因是所有的任务都需要 CPU 才能执行，但 CPU 只有一个。想象一下现在校园经常出现的教室或图书馆的占座现象，如果每个人都只在确实需要使用座位的时候才占有座位，不需要的时候就离开座位，那么有限的座位资源也许可以满足大家的需要，这就称之为协作。但是有些人在即使不自习或学习的时候，仍然通过用书本或书包占位，那么真正需要学习的同学就利用不了这个资源，这就是不协作。如果教室管理员或者后到的同学将未到同学的占座的书收拢到讲台，就起到了抢占式调度资源的效果。

1. 中断

RTX51 Tiny 可以和中断函数并行使用。中断服务函数可以和 RTX51 Tiny 任务通过调用 `isr_send_signal()` 发送信号或通过调用 `isr_set_ready()` 设置任务准备好标志进行通信。

和普通的程序一样，在 RTX51 Tiny 中使用中断必须由用户进行配置，RTX51 Tiny 本身不对中断服务程序进行管理。

RTX51 Tiny 要使用 Timer 0 以及 Timer 0 中断和寄存器分组 1。普通用户的程序如果使用了 Timer 0，RTX51 Tiny 可能会出故障。如果必须要使用 Timer 0，那么就应该将代码加到 RTX51 Tiny 的 Timer 0 中断服务程序的结尾。

Timer 0 就是 RTX51 Tiny 的**操作系统定时器**，RTX51 Tiny 的轮转式调度就是在 Timer 0 中断中完成的。

RTX51 Tiny 假定全局中断总是允许的（因为 Timer 0 中断的运行必须要全局中断使能）。RTX51 Tiny 库函数会在需要的时候改变 EA 的状态以确保 RTX51 Tiny 的内部结构不被其他中断破坏。在允许和禁止全局中断时，RTX51 Tiny 直接设置其状态，没有通过保存再恢复的方案。因此，如果你的程序在调用 RTX51 Tiny 程序之前禁止了中断，RTX51 Tiny 可能会不响应。

当程序的某些关键部分可能的确需要短暂的禁止中断时，那么要确保该部分程序不能调用 RTX51 Tiny 的库函数。同时如果用户代码需要停用中断，时间也要尽可能的短。

2. 可重入函数

Cx51 提供了对可重入函数（reentrant functions，再入函数）的支持。再入函数将参数和局部变量保存在一个再入栈，这样可以保证它们不会被递归和同时调用破坏。RTX51 Tiny 不提供对 C51 再入函数的管理，因此，如果需要再入函数，就必须确保这些函数不调用 RTX51 Tiny 系统函数并且再入函数不被转轮切换中断。

对于仅使用分配到寄存器的参数和自动变量的 C 函数，本身就是可再入的，在 RTX51 Tiny 中调用就没有限制。

切忌在多个任务或中断中重复调用非重入函数。非重入的 C51 函数在静态存储段保存参数和自动变量（局部变量），如果在多个任务中被同时或者递归调用会造成内容的错误重写。

除非能保证非重入函数不会被同时或者递归调用，否则应该尽量避免。要实现非重入函数不被同时调用或者递归调用，意味着需要禁用轮转调度并且非重入函数不能调用任何 RTX51 Tiny 系统函数。

3. C51 库函数

可重入的 C51 库函数（library routines）可以不加限制的被任何任务调用，而非重入的 C51 库函数的用法需满足前文所述的限制。

4. 多数据指针

Keil C51 编译器允许使用多数据指针（multiple data pointers，存在于许多 8051 单片机的派生芯片中），但 RTX51 Tiny 不提供对它们的支持。因此，在 RTX51 Tiny 的应用程序中应谨慎的使用多数据指针。

从本质上说，必须确保循环任务切换不会在执行改变数据指针选择器的代码时发生。如果要使用多数据指针，应该禁止循环任务切换。

5. 运算单元

Keil C51 编译器允许使用运算单元（arithmetic units，存在于许多 8051 单片机的派生芯片中），而 RTX51 Tiny 不提供对它们的支持。因此，在 RTX51 Tiny 的应用程序中须谨慎的使用运算单元。从本质上说，必须确保循环任务切换不会在执行使用运算单元的代码时发生。

附注：如果希望使用运算单元，应禁止轮转调度。

6. 寄存器分组

RTX51 Tiny 给所有的任务分配了寄存器分组 0，因此所有的任务函数也必须使用默认的 C51 配置（寄存器分组 0）进行编译。

中断函数可以使用剩余的寄存器组。然而，RTX51 Tiny 需要寄存器组区域中的 6 个永久性的字节，这些字节的寄存器组可在配置文件中指定。

四、RTX51 Tiny 的工作原理

1. 实时程序的两种构建方法实例比较

实时程序必须对实时发生的事件快速响应。事件很少的程序不用实时操作系统也很容易实现。随着事件的增加，编程的复杂程度和难度也随之增大，这个时候 RTOS 就有了用武之地。

1) 单任务程序（Single-Tasking Programs）

嵌入式程序和标准 C 程序都是从 main() 函数开始执行的，在嵌入式应用中，main() 通常有一个无限循环，可以认为是一个持续执行的单个任务。例如：

```
1  void main (void)
2  {
3    while (1)           // 无限循环
4    {
5      do_something();   // 执行 do_something() "任务"
6    }
7  }
```

在这个例子里，do_something() 函数可以认为是一个单任务，由于仅有一个任务在执行，所以没有必要进行多任务处理或使用多任务操作系统。

2) 多任务程序（Multi-Tasking Programs）

复杂的 C 程序通过在一个循环里调用服务函数（或任务）来实现**伪多任务调度**。例如：

```
1  void main (void)
2  {
```

```
 3    int counter = 0;
 4
 5    while (1)  // 无限循环
 6    {
 7      check_serial_io ();       // 检查 串口输入
 8      process_serial_cmds ();// 处理 串口输入
 9
10      check_kbd_io ();          // 检查 键盘输入
11      process_kbd_cmds ();      // 处理 键盘输入
12
13      adjust_ctrlr_parms ();    // 调整 控制参数
14
15      counter++;                // increment counter
16    }
17  }
```

该例中，每个函数执行一个单独的操作或任务，函数（或任务）按次序依次执行。

当任务越来越多,如何合理调度就成了问题。例如,如果 `process_kbd_cmds()` 函数执行时间较长，主循环就可能需要较长的时间才能返回并执行 `check_serial_io()` 函数,从而可能导致串行数据丢失。当然,可以在主循环中频繁地调用 `check_serial_io()` 函数以纠正这个问题，但最终这个方法还是会失效，尤其是子任务的执行也是分阶段的或者说需要大量延时的场景。

3）RTX 51 程序（RTX51 Tiny Programs）

当使用 RTX51 Tiny 时，为每个任务建立独立的任务函数。例如：

```
 1  void check_serial_io_task (void) _task_ 1
 2  {
 3    // 检查串口 I/O
 4  }
 5
 6  void process_serial_cmds_task (void) _task_ 2
 7  {
 8    // 处理串口命令
 9  }
10
11  void check_kbd_io_task (void) _task_ 3
12  {
13    // 检查键盘I/O
14  }
```

```
15
16  void process_kbd_cmds_task (void) _task_ 4
17  {
18    // 处理键盘命令
19  }
20
21  void startup_task (void) _task_ 0
22  {
23    os_create_task (1);    // Create serial_io Task
24    os_create_task (2);    // Create serial_cmds Task
25    os_create_task (3);    // Create kbd_io Task
26    os_create_task (4);    // Create kbd_cmds Task
27
28    os_delete_task (0);    // Delete the Startup Task
29  }
```

该例中，每个函数定义了一个 RTX51 Tiny 任务。RTX51 Tiny 程序不需要 main() 函数，取而代之，RTX51 Tiny 从**任务 0** 开始执行。在典型的应用中，任务 0 仅简单的创建所有其他的任务。

2．工作原理

RTX51 Tiny 使用并管理目标系统中的时间片中断、任务、事件、调度器和堆栈等资源，很多资源可以根据特定的任务进行个性化的定制以更好适配项目要求。

1）时间片中断

RTX 核使用一个标准的 8051 定时器 0（模式 1）产生周期性的中断，这个中断即 RTX 核的时间片中断（timer tick interrupt）。RTX 库程序的超时和时间间隔值都是通过 RTX 核时间片数目来设定的。

在默认情况下，定时器 0 来中断每隔 10000 个机器周期产生一次，因此对以 12MHz 的时钟频率运行的标准 8051 单片机（每 1 个机器周期等于 12 个时钟周期）而言，时间片的时长为 0.01s(10ms) 或者说频率为 100Hz（12MHz/12/10000）。

附注：① 可以在 RTX51 的定时时间片中断里追加自己的代码，参见 CONF_TNY.A51 配置文件；② 关于 RTX51 Tiny 如何使用中断可以参考概述的中断一节的说明。

2）任务

RTX51 Tiny 本质上是一个任务（tasks）调度器，建立一个 RTX51 Tiny 程序，就是建立一个或多个任务函数的应用程序。下面的内容是理解 RTX51 Tiny 的知识要点：

（1）任务用新的 C 语言关键字 **_task_** 定义，该关键字是 Keil C51 所支持的；

（2）RTX51 Tiny 维护每个任务的正确状态（运行、就绪、等待、删除、超时）；

（3）某个时刻只有一个任务处于运行态；

（4）多个任务可能处于就绪态、等待态、删除状态或超时状态；

(5) 空闲任务（Idle_Task）总是处于就绪态，当定义的所有任务处于阻塞状态时，运行该任务。

3）任务管理

RTX51 Tiny 最核心的功能是任务管理（Task Management），每个 RTX51 Tiny 任务总是处于下述状态中的一种状态中。

运行（running） 正在运行的任务处于运行态。某个时刻只能有一个任务处于该状态。os_running_task_id()函数返回当前正在运行的任务编号。

就绪（ready） 准备运行的任务处于就绪态。一旦运行的任务完成了处理，RTX51 Tiny 选择一个就绪的任务执行。一个任务可以通过用 os_set_ready()函数设置就绪标志来使其立即就绪（即便该任务正在等待超时或信号）。

等待（waiting） 正在等待一个事件的任务处于等待态。一旦事件发生，任务切换到就绪态。os_wait()函数用于将一个任务置为等待态。

删除（deleted） 没有被启动或已被删除的任务处于删除态。os_delete_task()函数将一个已经启动（用 os_create_task()创建的任务自动处于启动状态）的任务置为删除态。

超时（time-out） 被轮转超时中断的任务处于超时状态，在循环任务程序中，该状态相当于就绪态。

4）事件

在实时操作系统中，事件（events）可用于控制任务的执行，一个任务可能等待一个事件，也可能向其他任务发送任务标志。os_wait()函数可以使一个任务等待一个或多个事件。RTX51 Tiny 中包含下面 4 种事件。

超时（timeout） 是一个任务可以等待的公共事件。超时就是一些时钟滴答数（clock ticks，1 个时钟滴答等于 RTX51 Tiny 的系统时钟 timer 0 的中断周期），在一个任务等待超时的同时，其他任务可以执行。一旦到达指定数量的滴答数，任务就可以继续执行。

时间间隔（interval） 是超时（timeout）的变种。时间间隔与超时类似，不同的是时间间隔是相对于任务上次调用 os_wait()时指定数量的时钟滴答数。

信号（signal） 是任务间通信的方式。一个任务可以等待其他任务给它发信号（调用 os_send_signal()和 isr_send_signal()）。

就绪（ready） 每个任务都有一个可被其他任务设置的就绪标志（调用 os_set_ready()和 isr_set_ready()）。一个等待超时、时间间隔或信号的任务可以通过设置它的就绪标志来启动。

RTX51 Tiny 维护着每个事件的事件标志。下面是可以被 os_wait()使用的事件选择子（event selectors）：

K_IVL 等待特定的时间间隔（Wait for the specified interval）；

K_SIG 等待一个信号（Wait for a signal）；

K_TMO 等待超时（Wait for a specified timeout）。

os_wait()可以等待上述单个事件，也可以等待下面的事件组合：

K_SIG | K_TMO 任务延迟直到有信号发给它或者指定数量的时钟滴答到达；

K_SIG | K_IVL 任务延迟直到有信号到来或者指定的时间间隔到达。

附注：K_IVL 和 K_TMO 事件不能组合。

当 os_wait() 函数返回的的时候，返回值表明了是发生了什么事件之后函数才返回的：

RDY_EVENT 任务准备好标志被置位；

SIG_EVENT 接收到了一个信号；

TMO_EVENT 发生了超时或者时间间隔超时。

5）任务调度

任务调度器（Task Scheduler）分配处理器，RTX51 Tiny 的调度器按下面的规则调度任务。

（1）当前任务在下面几种情况被中断：

- 任务调用了 os_switch_task 且另一个任务正准备运行；
- 任务调用了 os_wait 且指定的事件没有发生；
- 任务执行了比轮转时间片更长的时间。

（2）另一个任务满足下面的条件才能启动：

- 没有其他任务运行；
- 任务处于准备好状态或者超时状态。

6）轮转调度

RTX51 Tiny 可以配置为用**轮转调度（round-robin task switching）**进行多任务处理（任务切换）。轮转调度允许并行的执行若干任务。任务并非真的同时执行，而是分时间片执行（把 CPU 时间分成时间片，RTX51 Tiny 给每个任务分配一个时间片）。由于时间片很短（几毫秒），看起来好像任务在同时执行。

图 4-13 展示了这一概念，0、1、2、3、4 共 5 个任务在轮转调度下逐个运行，并往复循环。

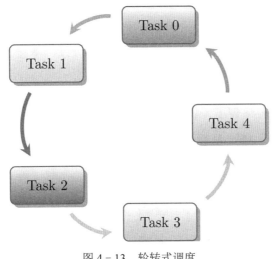

图 4-13 轮转式调度

任务在它的时间片内持续执行（除非任务的时间片用完），然后 RTX51 Tiny 切换到下一个就绪的任务运行。时间片的持续时间可以通过 RTX51 Tiny 配置定义。

代码 4-1 是一个 RTX51 Tiny 程序的例子，用循环法多任务处理，程序中的两个任务是计数器循环。RTX51 Tiny 在启动时执行函数名为 job0 的任务 0，该函数建立了另一个任务 job1，在 job0 执行完它的时间片后，RTX51 Tiny 切换到 job1。在 job1 执行完它的时间片后，RTX51 Tiny 又切换到 job 0。该过程无限重复。

代码 4-1 轮转调度的 RTX51 Tiny 程序

```
1   #include <rtx51tny.h>
2
3   int counter0;
4   int counter1;
5
6   void job0 (void) _task_ 0 {
7     os_create_task (1);   // 创建任务 1 并标记为 ready 状态
8     while (1) {           // 无尽循环
9       counter0++;         // 更新计数器 counter0
10    }
11  }
12
13  void job1 (void) _task_ 1 {
14    while (1) {           // 无尽循环
15      counter1++;         // 更新计数器 counter1
16    }
17  }
```

附注：可以用 os_wait 或 os_switch_task 让 RTX51 Tiny 切换到另一个任务而不是等待任务的时间片用完。os_wait 函数挂起当前的任务（使之变为等待态）直到指定的事件发生（接着任务变为就绪态）。在此期间，任意数量的其他任务可以运行。

7）协作式任务调度

如果禁止了轮转式任务调度，就必须让任务以协作的方式运作，即执行协作式任务调度（cooperative task switching），在每个任务里调用 os_wait() 或 os_switch_task()，以通知 RTX51 Tiny 切换到另一个任务。

os_wait() 与 os_switch_task() 的不同是，os_wait() 是让任务等待一个事件，而 os_switch_task() 是让出 CPU、立即切换到另一个就绪的任务。

8）空闲任务

没有任务准备运行时，RTX51 Tiny 执行一个空闲任务。空闲任务就是一个无限循环：SJMP $。

有些 8051 兼容的芯片提供一种降低功耗的空闲模式，在该模式下，停止程序的执行，直到有中断产生。

在空闲模式下，所有的外设包括中断系统仍在运行。RTX51 Tiny 允许在空闲任务中启动空闲模式（在没有任务准备执行时）。当 RTX51 Tiny 的定时滴答中断（或其他中断）产生时，微控制器恢复程序的执行。空闲任务执行的代码在 CONF_TNY.A51 配置文件中使能和配置。

9）堆栈管理

RTX51 Tiny 还需要进行堆栈管理（stack management），即为每个任务在 8051 的内部 RAM 区（IDATA）维护一个栈。任务运行时，将获得可能得到的最大数量的栈空间。任务切换时，先前的任务栈被压缩并重置，当前任务的栈被扩展和重置。

图 4-14 展示了一个 3 任务应用的内部存储器的布局。图中 ?STACK 表示栈的起始地址，位于栈下方的对象包括全局变量、寄存器和位寻址存储器，剩余的存储器用于任务栈。存储器的顶部可在配置中指定；正在运行的 task 一般分配较多的堆栈空间。

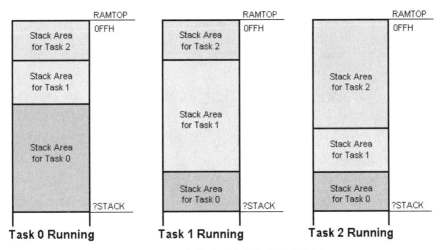

图 4-14　3 任务应用的内部存储器布局

五、配置 RTX51 Tiny

建立了 RTX51 Tiny 应用后，一般需要对其进行配置。所有的参数配置都在 CONF_TNY.A51 文件中设置，该文件位于 KEIL▸C 51▸RTXTINY 2 目录下。在 CONF_TNY.A51 中的配置选项允许：

① 指定系统节拍中断使用的寄存器分组；② 指定系统节拍中断的间隔/周期（以 8051 机器周期为单位）；③ 指定在系统节拍中断中执行的用户代码；④ 指定轮转任务调度的超时时长；⑤ 允许或禁止轮转任务调度；⑥ 指定应用程序是否使用长中断；⑦ 指定是否使用代码分组；⑧ 定义 RTX51 Tiny 的栈顶；⑨ 指定最小的栈空间需求；⑩ 指定栈错误发生时要执行的代码；⑪ 定义空闲任务。

CONF_TNY.A51 中的默认配置包含在 RTX51 Tiny 库中。但是，为了保证配置的有效和正确，须将 CONF_TNY.A51 文件拷贝到工程目录下并将其加入到工程中[①]。

通过改变文件 CONF_TNY.A51 中的设置来定制 RTX51 Tiny 的配置。下面对配置 RTX51 Tiny 的各个关键参数进行解释。

1. 硬件定时器

RTX51 Tiny 的系统节拍依赖硬件定时器（Hardware Timer）实现。下面的常数指定 RTX51 Tiny 的硬件定时器如何配置：

INT_REGBANK 指定用于定时器中断的寄存器组，默认为 1（寄存器组 1）。

INT_CLOCK 指定定时器产生中断前的指令周期数。该值用于计算定时器的重装值（65536-INT_CLOCK）。默认该值为 10000。

HW_TIMER_CODE 是一个宏，它指出在 RTX51 Tiny 定时器中断结尾处要执行的代码。该宏默认是中断返回，例如：

```
1  HW_TIMER_CODE MACRO ; Empty Macro by default
2    RETI
3  ENDM
```

2. 轮转式调度

默认情况下，轮转式调度是使能的。可以通过下面的常数配置轮转调度的时间或完全禁止轮转调度。

TIMESHARING 指定每个任务在轮转调度前运行的滴答数，设为 0 时禁止循环任务切换，默认值为 5 个滴答数。

下面通过一个例子来展示轮转式调度的配置。先构造一个 RTX51-Tiny 项目，还是使用 AT89S52 单片机，外接 12MHz 晶振。将默认配置文件拷贝进项目并进行下面的调整（代码 4-2 第 36 行和 39 行）：

（1）INT_CLOCK 改为 1000，使得每一个时间片为 1000 个机器周期；

（2）TIMESHARING 改为 3，使得每 3 个时间片进行一次轮转调度。

上述两个改变的目的是加快任务的轮转调度以便用虚拟逻辑分析仪观察调度情况，既是因为虚拟逻辑分析仪的存储深度有限，也因为机器周期和时间片相差太大时不便观察。

代码 4-2 轮转式调度示例配置文件片段

```
35  ; Define Hardware-Timer tick time in 8051 machine cycles
36  INT_CLOCK    EQU    1000 ;default is 10000 cycles
37  ;
38  ; Define Round-Robin Timeout in Hardware-Timer ticks
39  TIMESHARING  EQU    3 ;default is 5 Hardware-Timer ticks
40  ;                    ;0 disables Round-Robin Task Switchi
```

[①] 如果在工程中没有包含配置文件（CONF_TNY.A51），库中的默认配置将自动加载，后续的改变将存储在库中，这样可能会对以后的应用起到不良影响。

构建一个多任务的项目（代码 4 - 3），4 个任务中分别不停切换端口 1 的 4 个引脚状态（代表各个 task 中执行的不同的代码）。编译并进入调试状态，将 P1_0、P1_1、P1_2、P1_3 添加到逻辑分析仪，得到图 4 - 15。

代码 4 - 3　轮转式调度示例配置文件片段

```
1  #include <rtx51tny.h>
2
3  void tskBlink1 (void) _task_ 1
4  {
5    while(1)
6    {
7      P1_1 = !P1_1;
8    }
9  }
10
11 void tskBlink2 (void) _task_ 2
12 {
13   while(1)
14   {
15     P1_2 = !P1_2;
16   }
17 }
18
19 void tskBlink3 (void) _task_ 3
20 {
21   while(1)
22   {
23     P1_3 = !P1_3;
24   }
25 }
26
27 void startup_task (void) _task_ 0
28 {
29   os_create_task (1);
30   os_create_task (2);
31   os_create_task (3);
32   while(1)
33   {
```

```
34        P1_0 = !P1_0;
35    }
36 }
```

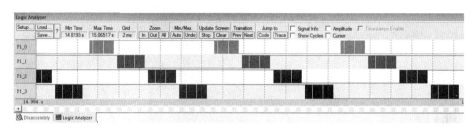

(a) Zoom out 查看多任务的轮转

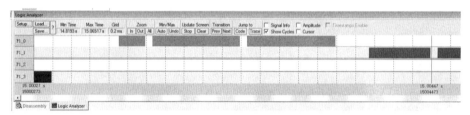

(b) Zoom in 查看任务轮转细节

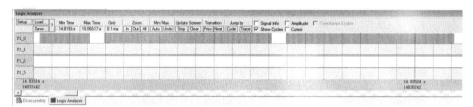

(c) Zoom in 查看单个任务执行细节

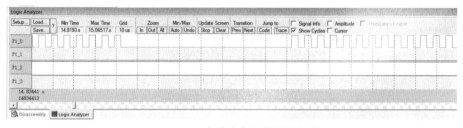

(d) Zoom in 查看单个任务循环细节

图 4-15 逻辑分析仪中查看 4 任务的轮转

图 4-15 中各个逻辑值的变化表示相应的 task 在占用 CPU，从图中可以看出：

（1）4 个任务按照创建顺序轮流调度，每次调度（任务切换前）运行 3 个时间片 [图 4-15(a)]。

（2）每个任务调度之前有 2 个间隔，这 2 个间隔是 RTX51-Tiny 的时间片中断不产生调度时的 CPU 消耗 [图 4-15(b)]。

（3）发生任务切换的中断调用时间更长（如从 task 0 切换到 task 1、从 task 1 切换到 task 2、从 task 2 切换到 task 3），产生一个新的轮转则调度耗时最长（如从 task 3 切换到 task 0）[图 4-15(b)]。

3. 长中断

一般情况下，中断服务程序设计为快速执行的程序。在某些情况下，中断服务程序可能执行较长的时间。如果一个高优先级的中断服务程序执行的时间比 RTX51 Tiny 节拍的时间间隔长，RTX51 Tiny 定时器中断可能被中断并可能重入（被后继的 RTX51 定时器中断）。

如果要使用执行时间较长的高优先级中断，应该考虑减少 ISR 中执行的任务的数量，降低 RTX51 Tiny 的定时器中断频率（增大中断周期），或者使能 LONG_USR_ISR 配置选项允许长中断的使用。

LONG_USR_ISR 指定是否有执行时间长于系统节拍的中断（滴答中断除外）。当该选项设为 1，RTX51 Tiny 就会添加保护再入滴答中断的代码。该值默认为 0，即认为中断是快速的，在中断中没有执行非常耗时的代码。

在工程实践中，一般不建议在中断中执行耗时很长的任务。对长中断的一个处理方式是使用 RTX51 操作系统的信号功能，将耗时长的事务放在普通任务中，通过发送信号触发长事务任务的执行。代码 4-4 展示了一个在 INT0 中断中有长事务需要处理的例子，将长事务放进普通任务 task3，在 INT0 中断发送信号到 task3，就得到了代码 4-5。

代码 4-4　在 INT0 中断中执行长任务

```
1  #include <rtx51tny.h>
2  void tskEntry (void) _task_ 0
3  {
4    os_create_task(1);
5    os_create_task(2);
6  
7    os_delete_task (0);
8  }
9  
10 void tskSysBlink (void) _task_ 1
11 {
12   while(1)
13   {
14     P1_0 = !P1_0;
15     os_wait2(K_TMO, 10);
16   }
17 }
18
```

```
19  void tskSomeOtherJob (void) _task_ 2
20  {
21    while(1)
22    {
23      //some other job
24    }
25  }
26
27  void Isr_int0()    interrupt IE0_VECTOR
28  {
29    //long job here
30    .
31    .
32    .
33  }
```

代码 4-5　INT0 中断中发信号给执行长任务的 task

```
1   #include <rtx51tny.h>
2   void tskEntry (void) _task_ 0
3   {
4     os_create_task(1);
5     os_create_task(2);
6     os_create_task(3);
7
8     os_delete_task (0);
9   }
10
11  void tskSysBlink (void) _task_ 1
12  {
13    while(1)
14    {
15      P1_0 = !P1_0;
16      os_wait2(K_TMO, 10);
17    }
18  }
19
20  void tskSomeOtherJob (void) _task_ 2
```

```
21  {
22    while(1)
23    {
24
25      //some other job
26    }
27  }
28
29  void tsk4LongJob (void) _task_ 3
30  {
31    while(1)
32    {
33      os_wait1(K_SIG);
34      //some other job
35      .
36      .
37      .
38    }
39  }
40
41
42  void Isr_int0()   interrupt IE0_VECTOR
43  {
44    //send signal to task 3 which is waiting for a signal
45    isr_send_signal(3);
46  }
```

4. 代码分组

RTX51 Tiny 支持使用代码分组（Code Banking）的单片机。CODE_BANKING 配置选项用于指定 RTX51 Tiny 应用是否使用 code banking。CODE_BANKING 指定是否使用 code banking。使用 code banking 时该选项必须设为 1，未使用 code banking 时，该选项须设为 0，默认的值为 0。

附注：需要使用 code banking 的 RTX51 Tiny 程序须 L51_BANK.A51 版本 2.12 及其以上的版本的链接器的支持。

5. 栈

有多个选项用于栈（Stack）配置。RAMTOP 和 FREE_STACK 这两个常数定义用于栈区域的内部 RAM 的大小和栈的最小自由空间，宏 STACK_ERROR 表示允许指定当没有足够的自由栈时执行的代码。

RAMTOP 指定片上栈顶部的地址。除非在栈顶更高的地址安排了 IDATA 变量，否则不应修改该值。该值默认为 0xFF。

FREE_STACK 指定栈允许的最小字节数。切换任务时，如果 RTX51 Tiny 检测到低于该值时，`STACK_ERROR` 宏将被执行。设为 0 可禁止栈检查，默认设置是 20B。

STACK_ERROR 是一个指定发生栈错误（少于 FREE_STACK 字节数）时要执行的指令的宏。该宏默认是禁止中断并进入无限循环。

```
1  STACK_ERROR MACRO
2    CLR EA ; disable interrupts  禁用中断
3    SJMP $ ;  堆栈耗尽情况下执行死循环
4  ENDM
```

6. 空闲任务

当没有任务准备运行时，RTX51 Tiny 执行一个空闲任务（Idle Task）。空闲任务只是一个循环，不做任何事，只是等待系统节拍切换到一个就绪的任务。下列宏定义用于配置空闲任务。

CPU_IDLE 宏代码段指定空闲任务中执行的代码。默认的指令是置位 PCON 寄存器的空闲模式位（大多数 8051 设备适用）。这将停止执行程序，降低功耗，直到有中断产生。参考代码如下：

```
1  CPU_IDLE MACRO
2    ORL PCON, #1
3  ENDM
```

CPU_IDLE_CODE 指定在空闲任务中是否执行 CPU_IDLE 宏。该值默认为 0，默认情况下 CPU_IDLE 宏代码段不包括在空闲任务中。

六、库函数

链接到用户代码的 RTX51 Tiny 函数并不是以源代码的形式提供的，Keil 为此编译了专门的函数库（.lib 文件）。对普通的（不带操作系统的）C51 程序，C51 编译器针对是否需要进行代码分组的单片机采用了不用的函数库。在应用 RTX51 Tiny 时对应的函数库也有区分：

RTX51TNY.LIB 用于无代码分组（non_banking）的 RTX51 Tiny 程序；

RTX51BT.LIB 用于代码分组（code_banking）的 RTX51 Tiny 程序。

在 📁C:▸KEIL▸C 51▸RTXTINY 2▸SOURCECODE 下的 RTXTIN2.PRJ 工程可用于建立这两个库。

> **注意**
>
> （1）应用时并不需要显式的包含一个 RTX51 Tiny 库。当使用 μVision 集成环境或命令行链接器时会自动执行。
> （2）建立 RTX51 Tiny 库时，默认配置文件（CONF_TNY.A51）包括在库中。如果在工程中未显示包含配置文件（CONFTNY.A51），将从库中包含一个默认的，如果对该文件进行修改，修改将存储到库中，这会对所有使用默认配置的文件产生影响。
> 强烈建议：为每一个 RTX51 Tiny 项目复制一份 CONF_TNY.A51 文件到项目的文件夹并包含到项目中，以便对项目的配置"私有化"。

七、RTX51-Tiny 的应用程序接口

RTX51-Tiny 操作系统非常简单，用于任务管理的应用程序接口（application program interface，API）一共只有 13 个函数和 7 个宏定义，在头文件 RTX51TNY.H（代码 4-6）中可以查看。

代码 4-6 头文件 RTX51TNY.H

```
1  /*-------------------------------------------------------
2  RTX51TNY.H
3
4  Prototypes for RTX51 Tiny Real-Time OS Version 2.02
5  ©1988-2002 Keil Elektronik GmbH and Keil Software,Inc.
6  All rights reserved.
7  -------------------------------------------------------*/
8
9  #ifndef __RTX51TNY_H__
10 #define __RTX51TNY_H__
11
12
13 /* constants for os_wait function */
14 #define K_SIG     0x01           /* Wait for Signal   */
15 #define K_TMO     0x02           /* Wait for Timeout  */
16 #define K_IVL     0x80           /* Wait for Interval */
17
18 /* function return values */
19 #define NOT_OK    0xFF           /* Parameter Error */
```

```
20  #define TMO_EVENT    0x08            /* Timeout Event  */
21  #define SIG_EVENT    0x04            /* Signal  Event  */
22  #define RDY_EVENT    0x80            /* Ready   Event  */
23
24  extern unsigned char os_create_task
25                            (unsigned char task_id);
26  extern unsigned char os_delete_task
27                            (unsigned char task_id);
28
29  extern unsigned char os_wait      (unsigned char typ,
30                                     unsigned char ticks,
31                                     unsigned int dummy);
32  extern unsigned char os_wait1     (unsigned char typ);
33  extern unsigned char os_wait2     (unsigned char typ,
34                                     unsigned char ticks);
35
36  extern unsigned char os_send_signal
37                            (unsigned char task_id);
38  extern unsigned char os_clear_signal
39                            (unsigned char task_id);
40  extern unsigned char isr_send_signal
41                            (unsigned char task_id);
42
43  extern void         os_set_ready  (unsigned char task_id);
44  extern void         isr_set_ready (unsigned char task_id);
45
46  extern unsigned char os_running_task_id (void);
47  extern unsigned char os_switch_task     (void);
48
49  extern void         os_reset_interval(unsigned char ticks);
50
51  #endif
```

这些函数中，以 os_ 开头的函数可以在 task 中被（直接或间接）调用，但是不能在中断中被（直接或间接）调用；以 isr_ 开头的函数可以在中断中被（直接或间接）调用，但是不能在 task 中被（直接或间接）调用。

为方便排版，定义了 **u8** 和 **u16** 数据类型分别表示无符号字符型和无符号整型数据类型：

```
1  typedef unsigned char u8;
2  typedef unsigned int  u16;
```

13 个函数大致可以分为两类：一类用于管理 task，包括 task 的创建、删除、调度和 id 获取等；另一类用于 task 的同步和消息交换，包含等待和信号传递等。

1. task 的管理

有 4 个函数用于 task 的管理，以实现 task 的创建、删除、调度和 id 获取。

（1）**u8** os_create_task (**u8** task_id) 用于创建 task，其中：

- task_id 为创建的 task 的 id;id 的有效值为 0～15。
- 返回值 0 表示对应编号的 task 被成功启动；返回值为-1 表示启动 task 失败。

在创建 task 的时候按照从 1 递增的顺序创建可以节约 RAM。

（2）**u8** os_delete_task (**u8** task_id) 用于删除 task，其中：

- task_id 是待停止的 task 的 id，停止之后 task 占用的 RAM 也会被释放。
- 返回 0 表示 task 被成功停止；返回-1 表示指定的任务不存在或者没有被启动。

（3）**u8** os_running_task_id (**void**) 用于获取正在运行的 task 的 id，返回值的范围 0～15。

（4）**u8** os_switch_task (**void**) 用于停止当前正在运行的 task，让 os 进行任务调度，运行其他的 task；这个函数在协作式调度中很有用，task 完成自己的操作之后，主动让出 CPU。

2. 等待和信号传递

有 8 个函数用于超时、时间间隔、信号等的等待和传递，可用于实现超时、任务间通信等。

（1）**u8** os_wait(**u8** typ ,**u8** ticks, **u16** dummy) 通用等待函数，等待函数的最复杂版本，为了兼容 RTX51-Full 而提供的，其中：

- **u8** typ 为等待的"**事件（event)**"的类型，在这里有时间间隔（interval, K_IVL）、信号（signal, K_SIG）、超时（timeout, K_TMO）3 种类型，也可以是 3 种事件的"**或组合**"，如"K_SIG|K_TMO"表示最多等待一个信号 ticks 的时间片，最后是因为超时还是信号返回的函数，通过函数的返回值来确认。
- **u8** ticks 用于第 1 个参数是 K_TMO 或 K_IVL 时指定等待时间片数；需要注意的是该值为 **u8** 类型，因此等待时间限于 0～255。
- **u16** dummy 正如其名，占位用的参数，用于兼容 RTX51-Full 的设计。

参数 typ 指定的事件发生之后，调用这个函数的 task 就会再次进入就绪（ready）状态，函数的返回值就指明了导致函数返回的原因，是因为超时 TMO_EVENT 还是接收到信号 SIG_EVENT,抑或是在其他 task 中被设置为就绪（RDY_EVENT）了。如果返回 NOT_OK，就意味着输入参数错误。

在实际的程序设计中建议使用下面的两个函数：

- **u8** os_wait2(**u8** typ,**u8** ticks) 是 os_wait 函数的等价版本，用于 typ

为K_IVL、K_TMO或K_IVL的函数调用。
- **u8** os_wait1(**unsigned char** typ) 适用于只等待信号的场景，即typ取值仅限于K_SIG。

（2）**void** os_set_ready(**u8** task_id)和**void** isr_set_ready(**u8** task_id)分别用于在task和中断中将指定id的task的状态设为就绪。

（3）**u8** os_send_signal(**u8** task_id)和**u8** isr_send_signal(**u8** task_id)分别用于在task和中断中往指定id的task发送信号，通常这个task正因为调用了os_wait()（或os_wait1()，os_wait2()）而处于阻塞状态；代码4-5展示了这一概念，其中的task 3通过os_wait1(K_SIG)等待信号量（以便进行后续运算），信号量在外部中断中由isr_send_signal(3)发出。

（4）**u8** os_clear_signal(**u8** task_id)用于清除指定task的消息。

附录A中对各个函数的使用进行了详细的介绍。

八、程序的优化

运行RTX51 Tiny的8051单片机的FLASH和RAM的空间都严重受限，在构建程序的时候要注意程序优化（Optimizing）。在RTX51 Tiny应用中常用下面的优化方法。

（1）如果可能，**禁止轮转调度**。轮转切换需要13字节的栈空间存储任务状态和所有的寄存器。当任务切换通过调用RTX51 Tiny库函数（如os_wai()t或os_switch_task()）时，不需要这些空间。

（2）用os_wait()替代轮转超时切换任务，即**用协作调度替代轮转调度**以提高系统反应时间和任务响应时间。

（3）避免将系统节拍中断率（即Timer 0的中断频率）设置得太快。将系统节拍（即Timer 0的中断周期）设置得更短会减小系统响应时间但也会减小任务运行的有效时间，因为每一次系统节拍的中断要消耗100~200个机器周期。建议**将Timer 0的中断周期设置大一点**（通常是10ms，计算密集的应用可以设置得更长）以降低系统节拍处理带来的损耗。

（4）**任务从0开始循序定义**，这样占用的RAM更小，能最小化RTX51 Tiny的内存需求。

九、使用 RTX51 Tiny

一般地，使用RTX51 Tiny要实现的步骤为：①编写RTX51程序；②编译并链接程序；③测试和调试程序。

1. 编写任务函数

写RTX51 Tiny程序时，必须用关键字对任务进行定义，并使用在RTX51TNY.H中声明的RTX51 Tiny核心例程。

2. 包含头文件

RTX51 Tiny 仅需要包含一个文件：RTX51TNY.H，所有的库函数和常数都在该头文件中定义。可以在源文件中包含它，例如：

```
1  #include <RTX51TNY.H>
```

3. 编程原则

在使用 RTX51 Tiny 构建应用时，基本步骤和构建 μV 传统的 8051 项目是一样的，但是也有一些不同。以下是建立 RTX51 Tiny 程序时必须遵守的原则：

（1）确保包含了 RTX51TNY.H 头文件；

（2）不要建立 main 函数，RTX51 Tiny 有自己的 main 函数；

（3）程序必须至少包含一个任务函数；

（4）中断必须有效（EA=1），在临界区如果要禁止中断一定要小心谨慎，退出临界区时记得恢复 EA 有效状态；

（5）程序必须至少调用一个 RTX51 Tiny 库函数（如 os_wait()），否则链接器将不会包含 RTX51 Tiny 库。

（6）Task 0 是程序中首先要执行的函数，必须在任务 0 中调用 os_create_task() 函数以运行其余任务；

（7）任务函数必须是从不退出或返回的，任务必须用一个 **while**(1) 或类似的永久循环，用 os_delete_task() 函数停止运行的任务；

（8）必须在 μV 的项目配置对话窗口或链接器命令行中指定使用 RTX51 Tiny。

4. 定义任务

实时或多任务应用是由一个或多个执行具体操作的任务组成的，RTX51 Tiny 最多支持 16 个任务。

任务就是一个简单的 C 函数，返回类型为 void，参数列表为 void，并且用 **_task_** 声明函数属性。例如：

```
1  void func (void) _task_ task_id
```

其中，

func 是任务函数的名字。

task_id 是从 0 到 15 的一个任务 ID 号。

下面的例子定义函数 job0 编号为 0 的任务。该任务使一个计数器递增并不断重复。

```
1  void job0 (void) _task_ 0
2  {
3    while (1) {
4      counter0++; // increment counter
5    }
6  }
```

> 注意
>
> (1) 所有的任务都应该是无限循环，任务一定不能返回。
> (2) 任务不能返回一个函数值，它们的返回类型必须是 void。
> (3) 不能对一个任务传递参数，任务的形参必须是 void。
> (4) 每个任务必须赋予一个唯一的，不重复的 ID。
> (5) 为了最小化 RTX51 Tiny 的存储器需求，从 0 开始对任务进行顺序编号。

十、RTX51 Tiny 内置示例

Keil μV 中提供了 3 个关于 RTX51 Tiny 应用的示例供参考。每个示例都存储在 📁c:▸KEIL▸C 51▸RTXTINY 2▸EXAMPLES 的单独文件夹中，并包含一个 μV 项目文件，可帮助大家快速构建和运行程序。这些示例在安装 Keil μV 的时候默认自动安装，其中：

RTX_EX1 展示轮转式多任务的应用；
RTX_EX2 展示等待和信号传递；
TRAFFIC 展示使用 RTX Tiny 控制行人交通信号灯。

在学习时，可以学习这几个示例中多任务的构建以及任务间通讯的设计，并在调试状态通过断点、串口、逻辑分析仪等观察其运行过程。

十一、RTX51 Tiny 应用案例

1. 多路闪灯程序

在第二章第 2 节介绍了多路灯闪烁的应用的构造，实践过程中会发现多任务的代码构建会比较困难。如果用上 RTX51-Tiny，问题就会轻松很多。

先回顾一下需求，单片机系统中有 4 个 LED 需要进行循环的亮、灭控制，4 个 LED 亮灭的节奏各不相同：

(1) LED0 亮 3ms，灭 5ms。(2) LED1 亮 2ms，灭 6ms。(3) LED2 亮 7ms，灭 3ms。(4) LED3 亮 5ms，灭 7ms。

这里的每个 LED 的亮灭控制代表着实际应用中的一个任务，这些任务通常各不相同。

先分析第一个任务，"LED0 亮 3ms，灭 5ms"表示执行一项操作然后等待 3ms，执行另外一项操作之后再等 5ms，然后往复循环。写成 C 伪代码得到例程 4-7。

代码 4-7 单闪灯应用基本结构的 C 伪代码

```
1  void tskLed0()
2  {
3    while(1)
```

```
4   {
5       led0 = 1;
6       wait(3ms);
7       led0 = 0;
8       wait(5ms);
9   }
10  }
```

仿照代码 4-3 构造其他 3 个 LED 的闪烁 task，并在 task 0 中创建这 3 个任务，同时对配置文件进行下面的配置（代码 4-8）：

（1）INT_CLOCK=1000 用于将时间片设为 1ms，TIMESHARING=1 用于加速调度。

（2）在宏 HW_TIMER_CODE 中添加 CPL 0xA0（代码 4-8 第 59 行），0xA0 为单片机 IO 端口 P2_0 的地址，因此这条语句等价于 C51 的 P2_0 = ~P2_0 或 P2_0 = !P2_0，用于在虚拟逻辑分析仪中观察系统节拍（tick）。此处是为方便观察、调试，在实际的工程项目中此步骤不是必须的。

代码 4-8 4 LED 闪灯配置文件 Conf_tny.A51 代码片段

```
35  ; Define Hardware-Timer tick time in 8051 machine cycles
36  INT_CLOCK      EQU 1000   ; default is 10000 cycles
37  ;
38  ;Define Round-Robin Timeout in Hardware-Timer ticks
39  TIMESHARING  EQU  1    ; default is 5 Hardware-Timer ticks
40  ;                      ; 0 disables Round-Robin Task Switching
41  ;
42  ;Long User Interrupt Routines: set to 1 if your
43  ;application contains user interrupt functions that may
44  ;take longer than a hardware timer interval for execution.
45  LONG_USR_INTR   EQU 0   ; 0 user interrupts execute fast
46  ;                ; 1 user interrupts take long execution times
47  ;
48  ;
49  ;-----------------------------------------------------------
50  ;
51  ;   USER CODE FOR 8051 HARDWARE TIMER INTERRUPT
52  ;===========================================================
53  ;
54  ;The following macro defines the code executed on a
55  ;   hardware timer interrupt.
```

```
56  ;Define instructions executed on ahardware timer interrupt
57  HW_TIMER_CODE    MACRO
58  ; Empty Macro by default
59      CPL 0xA0    ;切换引脚P2_0的状态
60  RETI
61  ENDM
```

由此得到代码 4-9，整个程序的结构非常清晰，4 个任务相对独立，方便多人协作编程。即使有更多的任务，亦可照此模型添加。

代码 4-9　RTX51 Tiny 下的 4 LED 闪灯

```c
1   #include <REGX51.H>
2   #include <rtx51tny.h>
3
4   void tskLed1 (void) _task_ 1
5   {
6     while(1)
7     {
8       P1_1 = 1;
9       os_wait2( K_TMO,2 );
10      P1_1 = 0;
11      os_wait2( K_TMO,6 );
12    }
13  }
14
15  void tskLed2 (void) _task_ 2
16  {
17    while(1)
18    {
19      P1_2 = 1;
20      os_wait2( K_TMO,7 );
21      P1_2 = 0;
22      os_wait2( K_TMO,3 );
23    }
24  }
25
26  void tskLed3 (void) _task_ 3
27  {
```

```
28      while(1)
29      {
30        P1_3 = 1;
31        os_wait2( K_TMO,5 );
32        P1_3 = 0;
33        os_wait2( K_TMO,7 );
34      }
35    }
36
37    void tskLed0 (void) _task_ 0
38    {
39      os_create_task (1);
40      os_create_task (2);
41      os_create_task (3);
42      P2_0 = 0;
43      while(1)
44      {
45        P1_0 = 1;
46        os_wait2( K_TMO,3 );
47        P1_0 = 0;
48        os_wait2( K_TMO,5 );
49      }
50    }
```

代码 4-9 中第 42 行用于方便在调试状态将汇编宏 HW_TIMER_CODE 中操作的 P2_0 添加到逻辑分析仪。设 P1_0、P1_1、P1_2、P1_3 分别连接到 LED0~4。编译项目进入调试状态，然后添加 P1_0、P1_1、P1_2、P1_3、P2_0 到逻辑分析仪，运行得到图 4-16。图中 P2_0 每个 tick 变化一次状态，因此每个 1 或 0 状态持续 1ms。以 P2_0 的状态为参考，可以知道 4 个任务的 LED 亮、灭符合预期要求。

2. 扫描式按键阵列和多段数码管的复杂应用的构造

扫描式按键阵列和多段数码管是单片机开发板设计中的常见模块，这两个模块的使用通常都需要在运行过程中周期性的执行一系列的代码。对多段数码管的周期性扫描，每一轮扫描的时间还必须要持续一段时间。不使用操作系统设计一个能够同时应用这 2 类模块并且可以完成其他功能的程序是一件相当有挑战性的工程，使用操作系统设计此类程序也不简单。本小节以免费的虚拟 8051 仿真软件 EdSim51[①]仿真平台为例展示如何使用 RTX51 Tiny 构建此类复杂应用。

[①] 该软件由 Michael Ross 采用 Java 开发，可从网站 https://www.edsim51.com/index.html 免费获取，网站也对软件的使用有详细的介绍。运行该软件需要先安装 JRE。

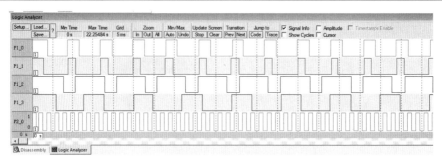

(a) 4 个 LED 的任务运行概览

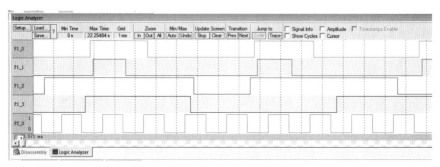

(b) Zoom in 查看任务轮转细节

图 4-16　4 个 LED 多任务闪灯

仿真板对应电路原理图见图 4-17，可在 Keil μV 开发测试代码，在项目配置的"Output"属性页选中"Create HEX File"（图 4-18）编译即可生成.hex 文件，再加载到 EdSim51 虚拟电路板即可对设计结果进行测试、验证。

原理图中的按键阵列的内部连接方式见图 4-19。使用中通常假定同一时刻最多只有一个按键被按下。实际上所示电路的同一行的多个按键被同时按下也可以正确检测，同一列的按键被同时按下则可能会引起引脚电压的"竞争"导致故障。测量时的工作逻辑如下：

（1）假定空闲（初始）状态连接键盘阵列的引脚 P0.0~6 均输出"1"（在传统 8051 系统中 P0 口用作通用 IO 端口输出"1"为开漏模式）；因为上拉电阻的作用，**读** P0.4~6 引脚均得到"1"。

（2）将 P0.0~3 的某一个引脚写"0"，该引脚输出低电平；此时该行如果有按钮被按下，则读 P0.4~6 引脚（并保存），被按下的按键所连接 P0.4、P0.5 或 P0.6 引脚将得到"0"。读完恢复 P0.0~3 的状态为"1"。

（3）重复第（2）步，读其他行的按键状态并保存。

（4）上述第（2）、（3）步中保存的 P0 口的状态，按键的状态存放在第 4~6 位。将各行按键状态右移 4 位重新编码，并改变逻辑为相应的位是"1"表示按键按下。进行按键检查，检测如果发现按键按下，则映射到具体键值。

C51 中的（引脚）位不支持数组，每一行按键状态的获取需要单独编码（代码 4-10 的第 99~117 行）。该部分代码虽然较长，但是基本没有耗时的语句，可认为 scanKeypad() 函数是瞬时完成。

第四章　实时操作系统 RTX51 Tiny 入门

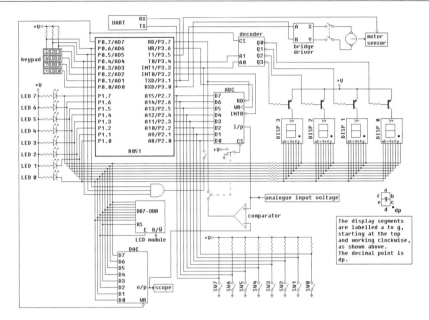

图 4-17　EdSim51 虚拟 8051 仿真器电路

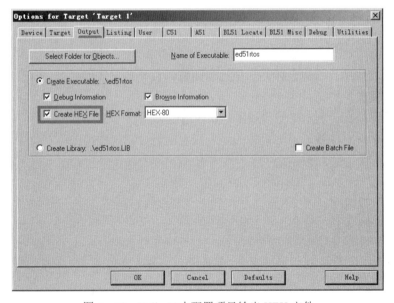

图 4-18　Keil μV 中配置项目输出 HEX 文件

板上的 4 个共阳数码管通过 2-4 译码器进行位选，数码管的各段连接到了 P1 口。在某 1 位数码管上显示特定的符号的逻辑如下：

（1）P0_7 清零禁用 2-4 译码器，熄灭所有数码管；

（2）设置 P3.3 和 P3.4 选择指定的数码管；

（3）写 P1 设置数码管的段码；

（4）P0_7 置一使能 2-4 译码器，点亮该位数码管。

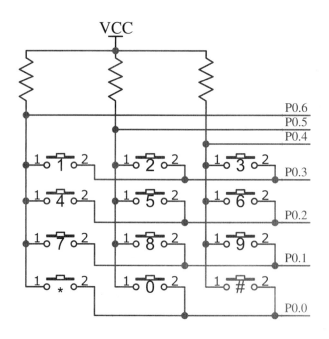

图 4-19　按键阵列的内部连接

将上述逻辑用 C 表达出来，就得到代码 4-10 的第 145~149 行。注意，在实际的应用中第 1 步很重要，如果忽略这个环节会导致瞬间窜码、显示不清晰。上述操作很简洁，也可认为几乎瞬时完成、不耗 CPU 时间。

让 4 位数码管显示预定符号的程序，其构造逻辑需要考虑扫描式多数码管的成像原理：重复性的逐个在每一位数码管上短暂的显示预定的符号，人眼会因为视觉暂留现象观察到 4 个数码管上同时显示了预定了符号。具体的操作步骤如下：

（1）点亮某 1 位数码管显示预定字符。

（2）等待一段时间。

（3）重复步骤（1）、（2）点亮其他的位。

（4）循环执行上述步骤……

上述步骤（2）的延时时长非常关键：时间太长人眼会观察到数码管是逐个点亮，时间太短则又会导致数码管显示的内容在人眼中"曝光不足"而致不清晰。这个时长通常设置十几毫秒，如果不使用 RTOS，这个十几毫秒的时间用于执行其他任务很难安排，有了 RTX51 Tiny，则可以简单的通过 `os_wait()` 实现 CPU 时间的让出（见代码 4-10 第 85~90 行）。

为了方便观察读取到的按键状态，代码中使用了串口输出进行实时监测。代码中没有使用 `printf()` 函数，因为该函数"太重"（编译后占用 FLASH 空间大、运行耗时多），会导致生成的代码超过了 Keil μV 测试版 2KB 代码空间的限制。但是依然使用了 `putchar()` 函数，并对该函数进行了适用于 RTX51 的调整（见代码 4-10 第 23~26 行），避免"标准版本"函数中发送字符时 CPU 的等待浪费：在 9600bps 的情况下，每发送 1 个字符需要等待约 1ms！

在多任务的串口使用中需要注意，如果串口没有使用内存缓冲模式，则所有的串口读写应该放到一个任务中，避免不同任务同时使用串口导致的数据完整性破坏。

代码 4 – 10　EdSim51 开发板的阵列按键和 4 数码管的 RTX51 开发

```c
// edsim51rtos.c
// 选择 AT89S52,11.0592MHz；串口波特率为4800
// 展示了 扫描式阵列按键、4位数码管以及串口的操作
#include <AT89X52.H>
#include <stdio.h>

#include <rtx51tny.h>

typedef unsigned char  u8;
typedef unsigned short u16;
typedef unsigned long  u32;
typedef u8             bool;

u8 idata g_keys[4];   // 低3位存放每一行按键的按下状态
u8 idata g_keyAscii;  // 存放按下的键值：1~9，以及 *、0、#

void scanKeypad();
void writeSegLed(u8 i,u8 val);

void initUart();

// "重载"系统函数，适配 RTX51 Tiny 实时操作系统
char putchar (char c)  {
  os_wait1(K_SIG);
  return (SBUF = c);
}

void putByteHex(u8 c){
  const u8 code hex[]="0123456789ABCDEF";
  putchar( hex[c>>4] );
  putchar( hex[c&0x0F] );
}

void isr_serial() interrupt SIO_VECTOR
```

```c
{
  if(TI){
    TI = 0;
    isr_send_signal(0);
  }
}

void initUart()
{
  SCON  = 0x50; // 模式 1, 8位 UART,使能接收
  TMOD |= 0x20; // timer 1 设为模式 2, 8-bit 自重装
  TH1   = 0xFA; // 重装值使得波特率为 4800 @ 11.0592MHz
  TR1   = 1;    // 启动 timer 1

  ES    = 1;
}

//主要任务，串口打印的操作应该都集中到该任务中
u16 g_roundTskEntry = 0; // 任务tskEntry的主循环运行次数
void tskEntry() _task_ 0
{
  u8 i;

  P0 = 0x7F; // 键盘引脚P0.0~6全写1，设置为默认弱上拉状态
             // 数码管2-4译码器禁用，避免数码管上电时乱闪
  os_create_task (1);
  initUart();
  TI = 1;    // 用于触发中断使得第一个字符能够发送
  while(1){
    g_roundTskEntry++;
    scanKeypad();

    // 显示16进制循环次数
    putByteHex( *(u8*)(&g_roundTskEntry));
    putByteHex( *((u8*)(&g_roundTskEntry)+1) );
    putchar(':');
    for( i=0;i<4;i++ ){
      putByteHex(g_keys[i]);
```

```c
            putchar(' ');
        }
        putchar(g_keyAscii);
        putchar('\n');

    }
}

void tskRefreshSevenSegs() _task_ 1
{
    u8 i;

    while(1){
        for( i=0;i<4;i++ ){
            writeSegLed( i,((u8*)(&g_roundTskEntry))[i] );
            os_wait2(K_TMO,10);
        }
    }
}

void scanKeypad()
{
    const u8 code ckeyVals[]={'3','2','1','6','5','4',
                              '9','8','7','#','0','*'};
    u8 i,j,v;

    //read row 0
    P0_3 = 0;
    g_keys[0] = P0;
    P0_3 = 1;

    //read row 1
    P0_2 = 0;
    g_keys[1] = P0;
    P0_2 = 1;

    //read row 2
    P0_1 = 0;
```

```
111      g_keys[2] = P0;
112      P0_1 = 1;
113
114      //read row 3
115      P0_0 = 0;
116      g_keys[3] = P0;
117      P0_0 = 1; //
118
119      g_keyAscii = ' ';
120
121      for( i=0;i<4;i++ ){
122        g_keys[i] >>= 4;
123        g_keys[i] |= 0xF8;
124        g_keys[i] = ~g_keys[i];
125
126        v = g_keys[i];
127        for( j=0;j<3;j++ ){
128          if(v&0x01){
129            g_keyAscii = ckeyVals[i*3+j];
130          }
131          v>>=1;
132        }
133      }
134    }
135
136    void writeSegLed(u8 i,u8 val){
137      const u8 code table[]={
138        0xc0/* 0 */,0xf9/* 1 */,0xa4/* 2 */,0xb0/* 3 */,
139        0x99/* 4 */,0x92/* 5 */,0x82/* 6 */,0xf8/* 7 */,
140        0x80/* 8 */,0x90/* 9 */,0x88/* A */,0x83/* B */,
141        0xc6/* C */,0xa1/* D */,0x86/* E */,0x8e/* F */,
142        0x8c/* P */,0xc1/* U */,0x91/* Y */,0x7c/* L */,
143        0x00/* 全亮 */,0xff/* 全灭 */ };
144
145      P0_7 = 0;   // 禁用2-4译码器，熄灭所有数码管
146      P3_4 = (i>>1);
147      P3_3 = (i&0x01);
148      P1 = table[val];
```

```
149      P0_7 = 1;   // 使能2-4译码器
150    }
```

在分析代码4-10时会有疑问：是否需要将scanKeypad()分拆为1个任务以提高按键阵列扫描的响应速度？在当前对按键阵列扫描结果的使用方式下（串口显示扫描结果），任务的瓶颈在于串口输出的速度太慢，采集到更多的按键阵列结果也来不及处理。根据对开发板电路（图4-17）的分析，一个可选的优化方案是将按键阵列的周期性扫描改为"事件触发"启动：按键阵列检测的P0.4~6引脚经过3与门连接到了外部中断1，使能外部中断1的中断，有按键按下时外部中断1将检测到低电平（或上升沿、下降沿）从而触发检测。但是该方案会与数码管的周期刷新产生冲突，需要进一步的细致分析与测试。

习　题

1. 常见的PC或手机操作系统有哪些功能？RTX51 Tiny的主要功能是什么？
2. RTX51 Tiny对运行的单片机有什么要求？
3. RTX51 Tiny实时操作系统的哪些参数可以进行配置？
4. 对一个多任务的跑马灯程序，分别写出使用和不使用操作系统情况的代码，并在Keil μV或EdSim51中验证。
5. 对单片机原理课程学习上使用过的实验板或EdSim51，分别考虑使用和不使用操作系统实现如下功能：
   （1）按下按键1，第1个LED每1s闪烁一下，第2个LED每2s闪烁一下，第3个LED每3s闪烁一下，第4个LED每4s闪烁一下。
   （2）按下按键2，步进电机20s内正转3圈，反转2圈。
   （3）按下按键3，以上任务同时进行。
6. *RTX51 Tiny如何在系统中维护任务记录（提示：利用数组或链表、循环表）？
7. *学习RTX以及OS/II的代码，自己构建一个可以在8051单片机上运行的简易OS，实现第4题或第5题的功能。

主要参考文献

埃里克·施密特，乔纳森·罗森博格，艾伦·伊格尔，2015. 重新定义公司：谷歌是如何运营的 [M]. 靳婷婷，译. 北京：中信出版社.

弗雷德里克·布鲁克斯，2007. 人月神话（32 周年中文纪念版）[M]. 汪颖，译. 北京: 清华大学出版社.

科恩，2010. Scrum 敏捷软件开发 [M]. 廖靖斌，吕梁岳，陈争云，等译. 北京: 清华大学出版社.

斯图尔特，2010. 操作系统原理、设计与应用 [M]. 葛秀慧，田浩，刘展威，等译. 北京：清华大学出版社.

陶建华，刘瑞挺，徐恪，等，2016. 中国计算机发展简史 [J]. 科技导报，34（14）：10.

ABRAHAM SILBERSCHATZ，PETERBAER GALVIN，GREG GAGNE，2010. 操作系统概念 [M].7 版. 郑扣根，译. 北京: 高等教育出版社.

CARTER BRUCE,2001. Filter design on a budget[R/OL].Texas Instruments[2001-7].https://www.ti.com/lit/an/sloa065/sloa065.

CARTER BRUCE,2001. More filter design on a budget[R/OL].Texas Instruments[2001-12].https://www.ti.com/lit/an/sloa096/sloa096.

CARTER B，MANCINI R 2017. Op amps for everyone[M]. 5th ed. Boston:Newnes.

JAMES W NILSON，SUSAN A RIEDEL，2002. 电路 [M]. 6 版. 冼立勤，周玉坤，李莉，等译. 北京：电子工业出版社.

JEFFREY RICHTER，CHRISTOPHE NASARRE，2008. Windows 核心编程 [M]. 5 版. 葛子昂，周靖，廖敏，译. 北京：清华大学出版社.

Robert J. Cloutier，Nicole Hutchison，2022. Guide to the Software Engineering Body of Knowledge (SWEBOK) Version 2.5[M].New York：IEEE PRESS.

STEFANO MARUZZI，1997. Microsaft Windows95 开发者必读 [M]. 瞿炯，石秋云，译. 北京：电子工业出版社.

STEPHEN PRATA，2016. C Primer Plus (中文版) [M]. 6 版. 姜佑，译. 北京：人民邮电出版社.

附录 A　RTX51 tiny 函数参考

第一节　概　述

RTX51 Tiny 操作系统的使用一共只有 13 个函数，分为任务的构建与销毁、事件等待、信号发送、任务就绪设置、当前活动任务和任务切换，以及时间间隔重置等 6 个类别，使用起来非常方便。

另外有 3+4 个宏变量定义，用于等待函数的标志设置以及返回原因指示。

```
/*--------------------------------------------------------
RTX51TNY.H

Prototypes for RTX51 Tiny Real-Time OS Version 2.02
 © 1988-2002 Keil Elektronik GmbH and Keil Software, Inc.
All rights reserved.
--------------------------------------------------------*/

#ifndef __RTX51TNY_H__
#define __RTX51TNY_H__

/* constants for os_wait function */
#define K_SIG      0x01           /* Wait for Signal    */
#define K_TMO      0x02           /* Wait for Timeout   */
#define K_IVL      0x80           /* Wait for Interval  */

/* function return values */
#define NOT_OK     0xFF           /* Parameter Error    */
#define TMO_EVENT  0x08           /* Timeout Event      */
#define SIG_EVENT  0x04           /* Signal  Event      */
#define RDY_EVENT  0x80           /* Ready   Event      */
```

```
24  extern unsigned char os_create_task
25                      (unsigned char task_id);
26  extern unsigned char os_delete_task
27                      (unsigned char task_id);
28  extern unsigned char os_wait( unsigned char typ,
29                                unsigned char ticks,
30                                unsigned int dummy);
31  extern unsigned char os_wait1( unsigned char typ );
32  extern unsigned char os_wait2( unsigned char typ,
33                                 unsigned char ticks);
34  extern unsigned char os_send_signal
35                      (unsigned char task_id);
36  extern unsigned char os_clear_signal
37                      (unsigned char task_id);
38  extern unsigned char isr_send_signal
39                      (unsigned char task_id);
40  extern void          os_set_ready(unsigned char task_id);
41  extern void          isr_set_ready(unsigned char task_id);
42
43  extern unsigned char os_running_task_id (void);
44  extern unsigned char os_switch_task     (void);
45
46  extern void          os_reset_interval(unsigned char ticks);
47
48  #endif
```

函数大致依字母顺序排列。下一节按照如下格式，对 RTX51 Tiny 的系统函数的作用和用法进行说明。

概要（Summary） 简述程序作用，列出包含的文件，包括它的声明和原型，语法举例和参数描述。

描述（Description） 程序的详细描述，如何使用。

返回值（Return Value） 程序返回值说明。

参阅（See Also） 和该函数相关的函数的名称。

例子（Example） 用于展示如何正确使用该函数的函数或者代码片段。

需要注意的是，RTX51 Tiny 同时支持中断的使用，而中断代表特权级别较高的代码，因此在中断和普通函数中调用操作系统函数需要不同的处理。RTX51 Tiny 为在中断和普通任务中调用操作系统函数提供了两套不同的函数：

- 以 os_ 开头的函数可以在任务函数中调用，但不能在中断服务程序调用。

- 以 isr_ 开头的函数可以在中断服务程序中调用,但不能在任务函数中调用。

第二节　函数介绍

1. isr_send_signal()

概要　在中断中往一个任务发送信号。

```
1  #include <rtx51tny.h>
2  char isr_send_signal(
3    unsigned char task_id );   // 信号发往的任务号
```

描述　isr_send_signal 函数给任务 task_id 发送一个信号。如果指定的任务正在等待一个信号,则该函数使该任务就绪,但不启动它,信号存储在任务的信号标志中。

　　附注:
- 该函数是 RTX51 Tiny 实时操作系统的一部分,仅包含于 PK51 中。
- 该函数仅应被中断函数调用。

返回值　isr_send_signal 成功调用后返回 0,如果指定任务不存在,则返回 –1。
参阅　os_clear_signal, os_send_signal, os_wait。
例子　在中断 2(外部中断 1)往任务 8 发送信号。

```
1  #include <rtx51tny.h>
2
3  void tst_isr_set_signal(void) interrupt 2
4  {
5    isr_send_signal(8);    // 给任务 8 发信号
6  }
```

2. irs_set_ready()

概要　在中断中将一个任务设置为就绪状态。

```
1  #include <rtx51tny.h>
2  char isr_set_ready(
3    unsigned char task_id );   // 被设置为就绪的任务号
```

描述　将由 task_id 指定的任务置为就绪态。

　　附注:
- 该函数是 RTX51 Tiny 实时操作系统的一部分,仅包含于 PK51 中。
- 该函数仅应被中断函数调用。

返回值 无。

例子 在中断 2（外部中断 1）将任务 1 设置为就绪状态。

```
1  #include <rtx51tny.h>
2  void tst_isr_set_ready(void) interrupt 2
3  {
4    isr_set_ready(1);    // 置位任务1的就绪标志
5  }
```

3. os_clear_signal()

概要 清空一个任务（还未来得及处理）的信号。

```
1  #include< rtx51tny.h>
2  char os_clear_signal(
3    unsigned char task_id );    // 被清除信号的任务号
```

描述 清除由 task_id 指定的任务信号标志。

　　附注：该函数是 RTX51 Tiny 的一部分，包含在 PK51 中。

返回值 信号成功清除后返回 0，指定的任务不存在时返回 −1。

参阅 isr_send_signal, os_send_signal, os_wait。

例子 在任务 8 中，清空任务 5 的信号标志。

```
1   #include <rtx51tny.h>
2
3   void tst_os_clear_signal (void) _task_ 8
4   {
5     .
6     .
7     .
8     os_clear_signal (5);    // 清除任务 5 的信号标志
9     .
10    .
11    .
12  }
```

4. os_create_task()

概要 创建一个新的任务。

```
1  #include <rtx51tny.h>
2  char os_create_task(
3    unsigned char task_id);    // 被启动的任务号
```

描述 os_create_task 启动任务 task_id，该任务被标记为就绪，并在下一个时间点开始执行。

附注：该函数是包含在 PK51 中的 RTX51 Tiny 的组成部分。

返回值 任务成功启动后返回 0，如果任务不能启动或任务已在运行，或没有以 task_id 定义的任务，返回 -1。

参阅 os_delete_task。

例子 在任务 0（RTX51 Tiny 的入口函数）中创建任务 2。

```
 1  #include <rtx51tny.h>
 2  #include <stdio.h>  // 用于printf
 3  void new_task (void) _task_ 2
 4  {
 5    .
 6    .
 7    .
 8  }
 9
10
11  void tst_os_create_task (void) _task_ 0
12  {
13    .
14    .
15    .
16    if( os_create_task(2) )
17    {
18      printf( "Couldn't start task 2\n");
19    }
20    .
21    .
22    .
23  }
```

5. os_delete_task()

概要 从活动任务列表删除一个任务。

```
 1  #include <rtx51tny.h>
 2  char os_delete_task(
 3    unsigned char task_id );   // 被删除的任务号
```

描述 函数将以 `task_id` 指定的任务停止,并从任务列表中将其删除。附注:该函数是包含在 PK51 中的 RTX51 Tiny 的组成部分。

返回值 任务成功停止并删除后返回 0,指定任务不存在或未启动时返回 –1。

附注:如果任务删除自己,将立即发生任务切换。

参阅 `os_create_task`。

例子 在任务 0 中删除任务 2,如果删除失败,(往串口)打印一条提示消息。

```
1   #include <rtx51tny.h>
2   #include <stdio.h>
3   void tst_os_delete_task (void) _task_ 0
4   {
5     .
6     .
7     .
8     if( os_delete_task(2) )
9     {
10      printf("Couldn't stop task 2\n");
11    }
12    .
13    .
14    .
15  }
```

6. os_reset_interval()

概要 重设超时间隔。

```
1   #include <rtx51tny.h>
2   void os_reset_interval(
3     unsigned char ticks );// 节拍数,注意该参数最大值是255
```

描述 用于纠正由于 `os_wait` 函数同时等待 K_IVL 和 K_SIG 事件而产生的时间问题,在这种情况下,如果一个信号事件(K_SIG)引起 `os_wait` 退出,时间间隔定时器并不调整,这样,会导致后续的 `os_wait` 调用(等待一个时间间隔)延迟的不是预期的时间周期。允许你将时间间隔定时器复位,这样,后续对 `os_wait` 的调用就会按预期的操作进行。

附注:该函数是包含在 PK51 中的 RTX51 Tiny 的组成部分。

返回值 无。

例子 在任务 4 中根据等待的结果,决定是否重置等间隔等待。

```
1   #include <rtx51tny.h>
```

```
 2  void task_func(void) _task_ 4
 3  {
 4    ...
 5    switch( os_wait(K_SIG|K_IVL,100,0) )
 6    {
 7    case TMO_EVENT:              // 发生了超时
 8                                 // 不需要 os_reset_interval
 9      break;
10    case SIG_EVENT:              // 收到信号
11      os_reset_interval(100);//  需要 os_reset_interval
12                                 //依信号执行的其他操作
13      break;
14    }
15    ...
16  }
```

7. os_running_task_id()

概要 获取正在运行的任务的任务号。

```
 1  #include <rtx51tny.h>
 2  char os_running_task_id(void);
```

描述 函数确认当前正在执行的任务的任务 ID。

附注：该函数是包含在 PK51 中的 RTX51 Tiny 的组成部分。

返回值 返回当前正在执行的任务的任务号，该值为 0～15 之间的一个数。

例子 在任务 3 中获取自己的任务号。

```
 1  #include <rtx51tny.h>
 2  void tst_os_running_task(void) _task_ 3
 3  {
 4    unsigned char tid;
 5    tid=os_running_task_id( );  // tid=3
 6  }
```

8. os_send_signal()

概要 从一个任务往另一个任务发送信号。

```
 1  #include <rtx51tny.h>
 2  char os_send_signal(
 3    char task_id );//信号发往的任务号
```

描述 函数向任务 task_id 发送一个信号。如果指定的任务已经在等待一个信号,则该函数使任务准备执行但不启动它。信号存储在任务的信号标志中。

附注:该函数是包含在 PK51 中的 RTX51 Tiny 的组成部分。

返回值 成功调用后返回 0,指定任务不存在时返回 −1。

参阅 isr_send_signal, os_clear_signal, os_wait。

例子 在任务 2 中往任务 8 发信号,在任务 8 中往任务 2 发信号。

```
1  #include <rtx51tny.h>
2  void signal_func(void) _task_ 2
3  {
4    .
5    .
6    .
7    os_send_signal(8); //向 8 号任务发信号
8    .
9    .
10   .
11 }
12 void tst_os_send_signal(void) _task_ 8
13 {
14   .
15   .
16   .
17   os_send_signal(2); //向 2 号任务发信号
18   .
19   .
20   .
21 }
```

9. os_set_ready()

概要 在一个任务中将另一个任务设置为就绪状态。

```
1  #include <rtx51tny.h>
2  char os_set_ready(
3    unsigned char task_id ); // 设置为就绪状态的任务号
```

描述 将以 task_id 指定的任务置为就绪状态。

附注:该函数是包含在 PK51 中的 RTX51 Tiny 的组成部分。

返回值 无。

例子 在任务 2 中将任务 1 设置为就绪状态。

```c
1   #include <rtx51tny.h>
2   void ready_func(void) _task_ 2
3   {
4     .
5     .
6     .
7     os_set_ready(1); //置位任务 1 的就绪标志
8     .
9     .
10    .
11  }
```

10. os_switch_task()

概要 当前任务出让 CPU，让调度器开始下一轮调度。

```c
1   #include <rtx51tny.h>
2   char os_switch_task(void);
```

描述 该函数允许一个任务停止执行，并运行另一个任务。如果调用 os_switch_task 的任务是唯一的就绪任务，它将立即恢复运行。附注：该函数是包含在 PK51 中的 RTX51 Tiny 的组成部分。

返回值 无。

例子 任务 1 进行一轮计算之后让出 CPU，让任务调度器开始下一轮调度。

```c
1   #include <rtx51tny.h>
2   #include <math.h>
3
4   void long_job(void) _task_ 1
5   {
6     float f1,f2;
7     f1 = 0.0;
8     while(1)
9     {
10      f2 = log(f1);
11      f1 += 0.0001;
12      os_switch_task(); //运行其他任务
13    }
14  }
```

11. os_wait()

概要 最基本的等待函数，等待超时、间隔，或者信号。

```
1  #include <rtx51tny.h>
2  char os_wait(
3    unsigned char event_sel,  // 等待的事件
4    unsigned char ticks,      // 等待的节拍数
5    unsigned int dummy);      // 无用参数
```

描述 该函数挂起当前任务，并等待一个或几个事件，如时间间隔、超时，或从其他任务和中断发来的信号。参数 event_sel 指定要等待的事件，可以是表 A–1 中列出的 3 个常数的一些组合。

表 A–1 os_wait 可等待事件

事件	描述
K_IVL	等待节拍值为单位的时间间隔
K_SIG	等待一个信号
K_TMO	等待一个以节拍值为单位的超时

"事件（event_sel）"可以用竖线符（"|"）进行**位或**。例如，"K_TMO|K_SIG"指定任务等待超时或者信号。

ticks 参数指定要等待的时间间隔事件（K_IVL）或超时事件（K_TMO）的定时器节拍数。

dummy 参数是为了提供兼容性而设置的，"dummy"对应的中文是"傀儡、占位"，该名称表明这个参数是为了和姊妹操作系统 RTX51 Full 的函数兼容而设计的。

附注：
- 该函数是包含在 PK51 中的 RTX51 Tiny 的组成部分；
- 请参阅事件一节获得关于 K_IVL，K_SIG，K_TMO 的更多信息。

返回值 当有一个指定的事件发生时，任务进入就绪态。任务恢复执行时，表 A–2 列出的由返回的常数指出使任务重新启动的事件，可能的返回值。

表 A–2 os_wait 的返回值

返回值	描述
RDY_EVENT	表示任务的就绪标志是被 os_set_ready 或 isr_set_ready 函数置位的
SIG_EVENT	收到一个信号
TMO_EVENT	超时完成，或时间间隔到
NOT_OK	参数的值无效

参阅 isr_send_signal，isr_set_ready，os_clear_signal，os_reset_interval，os_send_signal, os_set_ready, os_wait1, os_wait2。

例子 在任务 9 中等待信号或 50 个 tick 的超时，并针对超时或信号按照不同的方式进行处理：

```
1  #include <rtx51tny.h>
2  #include <stdio.h>
3  void tst_os_wait(void) _task_ 9
4  {
5    while(1)
6    {
7      char event;
8      event = os_wait( K_SIG|K_TMO , 50 , 0 );
9      switch(event)
10     {
11       case TMO_EVENT:
12         //超时
13         break; //50 次节拍超时
14       case SIG_EVENT:
15         // 收到信号
16         break;
17       default: // 该情况从不发生
18         break;
19     }
20   }
21 }
```

12. os_wait1()

概要 等待函数的单参数版本，该函数仅适用于等待"信号"。

```
1  #include <rtx51tny.h>
2  char os_wait1(
3    unsigned char event_sel);// 等待的事件，仅限K_SIG
```

描述 该函数挂起当前的任务等待一个事件发生。os_wait1 是 os_wait 的精简版，它不支持 os_wait 提供的全部事件。参数 event_sel 指定要等待的事件，此处只能是 K_SIG。

附注：
- 该函数是包含于 PK51 中的 RTX51 Tiny 的组成部分；
- 参见事件一节获得 K_IVL, K_SIG 和 K_TMO 的更多信息。

返回值 当指定的事件发生，任务进入就绪态。任务恢复运行时，os_wait1 返回的值表明启动任务的事件，返回值见表 A-3。

表 A-3 os_wait1 的返回值

返回值	描述
RDY_EVENT	表示任务的就绪标志是被 os_set_ready 或 isr_set_ready 函数置位的
SIG_EVENT	收到一个信号
NOT_OK	event_sel 参数的值无效

例子 见 os_wait。

13. os_wait2()

概要 等待函数的 2 参数版本，功能等价于 os_wait。

```
1  #include <rtx51tny.h>
2  char os_wait2(unsigned char event_sel,//等待的事件类型
3    unsigned char ticks );              //等待的节拍数
```

描述 在当前任务等待 1 个或多个事件发生，如时间间隔、超时或从其他任务或中断发送来的信号。参数 event_sel 指定的事件可以是下列常数的组合（表 A-4）。

表 A-4 os_wait2 可等待事件

事件	描述
K_IVL	等待节拍值为单位的时间间隔
K_SIG	等待一个信号
K_TMO	等待一个以节拍值为单位的超时

事件可以用"|"进行**位或**。如"K_TMO|K_SIG"表示任务等待超时或信号。如果事件类型包含 K_TMO 或 K_SIG，参数 ticks 指定等待时间间隔（K_IVL）或超时（K_TMO）事件时的节拍数。

附注：
- 该函数是包含于 PK51 中的 RTX51Tiny 的组成部分；
- 相较于 os_wait 函数，没有第三个参数 unsigned int dummy；
- 若使用了 K_IVL 和 K_SIG 的组合，需要调用 os_reset_interval 消除时延问题；
- 参见事件一节获得更多关于 K_IVL, K_TMO, 和 K_SIG 的信息。

返回值 当一个或几个事件产生时，任务进入就绪态。任务恢复执行时，os_wait2 的返回值见表 A-5。

表 A-5 os_wait2 的返回值

返回值	描述
RDY_EVENT	任务的就绪标志是被 os_set_ready 或 isr_set_ready 函数置位的
SIG_EVENT	收到一个信号
TMO_EVENT	超时完成，或时间间隔到
NOT_OK	参数 event_sel 的值无效

例子 见 os_wait。